码上学技术·农作物病虫害快速诊治系列

苹果病虫害
诊断与防治原色图谱

翟 浩 薛晓敏 王 丹 等 编著

中国农业出版社
北 京

图书在版编目（CIP）数据

苹果病虫害诊断与防治原色图谱/翟浩，薛晓敏，王丹编著. —北京：中国农业出版社，2023.4
（码上学技术.农作物病虫害快速诊治系列）
ISBN 978-7-109-31125-1

Ⅰ.①苹… Ⅱ.①翟… ②薛… ③王… Ⅲ.①苹果-病虫害防治-图谱 Ⅳ.①S436.611-64

中国国家版本馆CIP数据核字（2023）第176415号

中国农业出版社出版
地址：北京市朝阳区麦子店街18号楼
邮编：100125
责任编辑：杨彦君　阎莎莎
版式设计：王　晨　责任校对：刘丽香　责任印制：王　宏
印刷：北京缤索印刷有限公司
版次：2023年4月第1版
印次：2023年4月北京第1次印刷
发行：新华书店北京发行所
开本：880mm×1230mm　1/32
印张：5
字数：163千字
定价：39.00元

版权所有·侵权必究
凡购买本社图书，如有印装质量问题，我社负责调换。

服务电话：010-59195115　010-59194918

编著人员名单

主　　编　翟　浩　薛晓敏　王　丹

副 主 编　相君成　闫占峰　杨鲁光　李晓军
　　　　　　郑纪业

参编人员　聂佩显　刘　伟　李玲玲　李　跃
　　　　　　韩允强　孙美芝　王来平　李方杰
　　　　　　于树增

前　言

　　苹果是常见的水果之一，居世界四大水果之冠。果实球状，颜色呈红色、绿色或黄色，味甜，口感爽脆，果实营养丰富，除含有多种维生素、膳食纤维以外，还富含类黄酮等有益人体健康的多酚化合物。我国目前是世界苹果第一生产大国，栽培面积和产量分别占世界苹果栽培面积和产量的47%和41%。近10年我国苹果产量的增长量对世界的贡献率高达84%，在国际市场占有举足轻重的地位。我国共有25个省（自治区、直辖市）生产苹果，面积和总产量较大的主要集中在渤海湾、西北黄土高原、黄河故道和西南冷凉高地四大产区，其中西北黄土高原产区和渤海湾产区是世界优质苹果的两大主产区。

　　近年来，随着我国种植业结构的调整和乡村振兴战略的实施，苹果生产越来越受到人们的重视，栽植面积不断扩大，危害苹果的病虫害种类也不断增多，病虫害绿色防控管理工作面临新的挑战和压力。一方面，由于栽培制度（如苹果生产由套袋栽培转向免套袋栽培等）和环境条件的改变，果树病虫害日益严重，成为限制果树生产的主要因素；另一方面，果品多为鲜食，其质量安全问题备受人们的关注，如何安全使用农药，减少果品中的农药残留，实现果树病虫害绿色防控，成为亟待解决的问题。

　　在我国的苹果病虫害防治实践中，科研与生产脱节的现象非常明显。苹果套袋技术在防治病虫害侵染方面起到了应有的作用，但在套袋技术的应用中，也存在两个问题：一是虽有果袋的保护，农民仍按照防治历定期施药，即不管果树是否有虫或得病，定期喷药。采取这种方法，可能不会因病虫危害而造成损失，但农药用量的增加，不仅导致生产成本提高，还会使果品中农药残留量超标甚至引起中毒。二是发现有病虫就喷药。采取这种方法，往往会因防治时机已过，即使喷药也无法获得良好的防治效果，既浪费了人力、物力，也不能挽回经济损失。因此，要想使果农科学、合理、精准用药，就必须提高农民识别病虫种类、掌握病虫害发生特点以及及时采取防控技术的能力。山东省果树研究所自2009年开展免套袋栽培模式下的苹果病虫害绿色防控集成技术探索，研究提出的苹果免套袋优质高效生产技术被农业农村部列为2020年度十大引领性农业技术之一。

本书以服务广大苹果种植专业户和基层技术人员为出发点，力求根据生产实际需要进行编写，对我国苹果树上发生的主要病虫害的症状、形态特征、发生规律、综合防治技术等进行了详细介绍，并配有350余幅高质量原色生态图谱，逼真地再现了苹果树病害不同时期和不同部位的症状，害虫不同虫态特征、不同时期和不同部位的为害状以及天敌的形态特征，便于读者识别和掌握。苹果种植范围广，地区之间差别大，笔者实践经验和专业技术水平有限，书中遗漏之处在所难免，恳请有关专家、同行、广大读者不吝指正。

编　者

2022年12月

Contents

目　录

前言

视 频 目 录

一、苹果病害

1.枝干病害

苹果腐烂病

苹果腐烂病又称臭皮病、烂皮病，1903年在日本首次发现，我国于1916年在辽宁省东南部发现该病，目前在我国各苹果产区均有发生，是苹果的主要病害之一。研究认为引起苹果树腐烂病的病菌共有5种，分别是黑腐皮壳菌 [*Valsa ceratosperma*（Tode）Maire]、皮尔松黑腐皮壳菌（*Valsa persoonii* Nitschke）、苹果黑腐皮壳菌（*Valsa mali* Miyabe & G. Yamada）、苹果生黑腐皮壳菌（*Valsa malicola* Z. Urb.）和梨黑腐皮壳菌 [*Valsa ambiens*（Pers.）Fr.]。腐烂病菌可以侵染苹果树的主枝、主干和果实等多个部位，轻者造成主枝、主干枯死，使果树结果量和结果年限缩减，影响苹果的产量和质量，重者全株枯死，甚至全园毁灭。

症状：苹果树腐烂病主要有溃疡型和枝枯型2种，以溃疡型为主。溃疡型腐烂病主要为害主干和主枝。夏秋季节，病菌在当年形成的落皮层上形

苹果溃疡型腐烂病初期症状（有黄色液体流出）

苹果溃疡型腐烂病水渍状病斑

成表面溃疡，为淡红褐色的湿润斑，轮廓不整齐，后期病斑停止扩展，变干，稍凹陷。环境条件适宜时，病组织继续蔓延，外部呈现红褐色、略隆起、水渍状病斑，用手轻压即下陷，有黄褐色的汁液流出。病斑表皮极易剥离，内部为鲜红褐色，湿腐状，有酒糟气味。到后期，病斑失水干缩，呈深褐色至黑褐色，表面散生黑色粒点，即子座，其上着生分生孢子器或子囊壳。雨后或天气潮湿时，从黑色粒点涌出橘黄色、卷须状的孢子角，其中含有大量的分生孢子。

病斑表皮极易剥离，内部为鲜红褐色

苹果溃疡型腐烂病病斑干缩形成溃疡斑

苹果溃疡型腐烂病病斑及黑色粒点

苹果溃疡型腐烂病导致枝干枯死

苹果溃疡型腐烂病病斑上的黑色粒点涌出孢子角

枝枯型腐烂病多发生在衰弱树和小枝条上，病斑常从剪口、锯口开始出现，形状不规则，病斑扩展迅速，不久即包围整个枝条，枝条逐渐枯死。后期病部也同样出现黑色粒点。

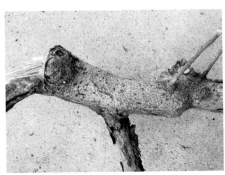

苹果枝枯型腐烂病病斑表面长出黑色粒点　　　苹果枝枯型腐烂病导致枝条枯死

除此之外，腐烂病菌也可侵染果实，通常在果实表面形成轮纹状暗红褐色病斑，边缘较清晰，病组织腐烂软化后会产生酒糟味。

发生规律：苹果腐烂病初侵染源为病部组织中越冬的菌丝、分生孢子器、分生孢子、子囊壳及子囊孢子。腐烂病病斑可以周年扩展，病斑出现的高峰期为11月、12月和翌年2月、3月，病斑扩展高峰期为3—5月。腐烂病菌的传播途径主要为风雨传播。研究发现，分生孢子在一年中的任何季节都可以从植株伤口侵入，冬季是病菌侵染的重要时期，腐烂病菌的分生孢子更容易侵染新伤口，带有腐烂病菌的修剪工具能够在修剪过程中传播苹果腐烂病。树体营养水平与苹果腐烂病发生程度有明显相关性，当苹果叶片钾含量小于9毫克/克时，叶钾含量与腐烂病的发生程度呈极显著的负相关关系；氮钾比和磷钾比与腐烂病发生程度也关系密切，病情指数与氮/钾和磷/钾均呈极显著正相关关系。

防治方法：①加强栽培管理，增强树势，提高树体抗病力。深翻改土，促进根系发育；合理施肥，秋季增施有机肥，使果园土壤有机质含量保持在1%以上，补充中量微量元素，增强树势，增施磷、钾肥，避免偏施氮肥；严格疏花疏果，使树体负载合理，杜绝大小年结果现象；冬季枝干涂白防止冻害，剪锯口及时涂抹愈合剂，防止病菌侵染（涂白剂配方：生石灰6千克+20波美度石硫合剂1千克+食盐1千克+清水18千克，此外，加入0.1千克动物油可防止涂白剂过早脱落）；尽量减少各种伤口，及时防治害虫。②清洁果园，减少初侵染源。结合冬季清园，认真刮除树干老皮、翘皮，剪除病枝及田间残留病果，集中销毁或深埋。③及时刮治病疤。刮治是指在早春将苹果树坏死组织彻底刮除，用刀将果树主枝或主干上带病疤的树皮全部刮掉，深度达到木质部，并把周围的好皮斜向切掉1~2厘米，切面要求光滑干净，呈45°~60°的斜面，病疤要刮成菱形或椭圆形，然后将配好的药液用小刷子涂抹在刮好的病疤及其周围2厘米以上的位置，过2周再涂抹1次。常用药剂及浓度：

苹果腐烂病刮除树皮后的病健交界处

苹果腐烂病刮除树皮后涂抹药剂防治

苹果腐烂病痊愈

43%戊唑醇悬浮剂300倍液、4%双抗水剂30倍液或10波美度石硫合剂等。④施药保护。每年麦收前后在主干上以及主枝基部涂抹波尔多浆，配制比例为硫酸铜：石灰：水=1：5：20，再加0.2%的动物油或植物油增加黏着力，一般连涂3年就能达到很好的预防效果。还可选用戊唑醇、吡唑醚菌酯、噻霉酮等杀菌剂，在6—8月共涂抹2次，每次间隔10天，涂抹浓度是喷雾浓度的10倍，涂抹部位为主干及主枝基部，严禁涂抹到叶片上，涂抹程度以枝干湿润有水珠流下为好，一般连续涂抹2年就能达到很好的治疗效果。

苹果轮纹病

苹果轮纹病又称粗皮病、轮纹褐腐病，俗称烂果病。苹果轮纹病是我国苹果生产上重要的病害之一，在山东、河北、河南、山西等苹果种植区尤为严重。苹果轮纹病菌有2种，为葡萄座腔菌 [*Botryosphaeria dothidea*（Moug. ex Fr.）Ces. & De Not.] 和粗皮葡萄座腔菌 [*Botryosphaeria kuwatsukai*（Hara）G.Y. Sun & E. Tanaka]。葡萄座腔菌在枝干上引起直径小于1毫米的小型病瘤，而粗皮葡萄座腔菌则引起直径3～4毫米的大型病瘤，并造成粗皮。轮纹病菌主要为害果树枝干和果实，叶片受害比较少见。发病严重的老果园，病瘤由主干、中央领导干发展到侧枝和小枝，在枝干轮纹病发生严重的果园，病果率大于50%。该病在各地均有加速蔓延的趋势，在有些地方甚至造成毁园。

症状：

枝干轮纹病：枝干受害后，初期以皮孔为中心产生红褐色近圆形或不规则形病斑，表现为干腐病斑、马鞍状病斑、轮纹病瘤3种类型。在生长旺盛的枝条或枝干上形成轮纹病瘤，而在树势衰弱、受旱或受涝枝条失水时形成干腐病斑或马鞍状病斑。马鞍状病斑质地坚硬，中心突起，如疣状物，

苹果枝干轮纹病病瘤

苹果枝干轮纹病马鞍状病斑

苹果枝干轮纹病2个病斑交接

苹果枝干轮纹病多个病斑串联（初中期症状）

苹果枝干轮纹病多个病斑串联（后期症状）　　锰中毒导致苹果幼树发生枝干轮纹病

边缘龟裂，与健康组织形成一道环沟，病组织翘起如马鞍状，许多病斑连在一起。翌年，病斑中央产生许多黑色小粒点（即分生孢子器）。病菌一般只侵害树皮表层，严重时可侵入皮层内部，病斑不仅发生在大枝上，2～3年生的小枝上也有，严重时造成树体衰弱，甚至死枝、死树。此外，土壤酸性过大（pH为5～6或更低），会发生多锰症，从而导致枝干轮纹病发生。

　　果实轮纹病：果实多于近成熟期和贮藏期发病，果实发病初期，以皮孔为中心，初呈水渍状褐色小斑点，之后迅速扩大形成淡褐色与深褐色交替的同心轮纹病斑。发病后期，病组织处有茶褐色的黏液溢出，病斑不凹陷。在条件适宜时，病果迅速腐烂，果实多不凹陷，有时病斑表面可散生黑色小粒点（即分生孢子器）。病果腐烂多汁，失水后为黑色僵果。叶片偶尔发病，

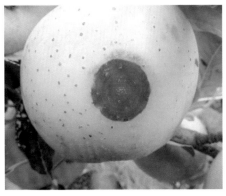

苹果果实轮纹病淡褐色与深褐色交替的同心轮纹病斑

产生近圆形具有同心轮纹或不规则形的褐色病斑，后逐渐变为灰白色，并长出黑色小粒点，严重时干枯脱落。

苹果果实轮纹病初期症状（富士幼果期）

苹果果实轮纹病初期症状（富士成熟期）

苹果果实轮纹病后期症状

苹果果实轮纹病病斑表面散生黑色小粒点

发生规律：苹果轮纹病菌以菌丝体、分生孢子器和子囊壳在被害枝干上越冬，是初侵染的重要来源。在我国北方苹果产区，苹果果实在5月下旬到8月中旬容易受到病菌侵染，在5—6月受侵染的果实，最早在8月上旬显症，9月进入显症高峰期；9月受侵染的果实，1周后即可显症。从5月初到9月底，枝干均易感病，1年生新梢在6月到8月中旬最易感病，在此期间接种，潜育期最短为25天；8月底之前接种，当年即可显症；之后再接种，则到下一生长季才显症。果实生长前期降水次数多，发病高峰期来得早，病菌孢子散发多，侵染也多；若成熟期再遇高温干旱，轮纹病便发生严重。老园弱枝及老园内补栽的小树容易感病；果园管理粗放、挂果过多、偏施氮肥，发病也会多。另外，修剪过病树的工具，如果没有经过严格消毒而直接去修剪健康树枝，也会交叉感染轮纹病。

防治方法：①加强栽培管理，提高树体抗病力。新建果园注意选用无病苗，如发现病株要及时铲除，以防扩大蔓延；苗圃应该设在远离病区的地方，培育无病壮苗；修剪前用75%的酒精（或碘酒）或3%的次氯酸钠或肥皂水，对剪具清洗或浸泡消毒；增施生物有机肥或腐殖酸肥，调节土壤酸碱度，避免多锰症发生。②清除初侵染源。轮纹病初侵染源为枝干病瘤，因此清除病瘤是一个重要的防治措施，在果树生长期和休眠期都可以进行。在清除病瘤的基础上，6—8月也可与腐烂病结合防治，刮除老翘皮，集中销毁，涂抹43%戊唑醇悬浮剂300倍液＋等量氨基酸液肥，或25%丙环唑乳油50毫升＋水5～7.5千克＋腐殖酸5千克/氨基酸液肥5千克，1个月涂抹1次，连续涂抹3个月。③喷药保护。一般从苹果落花后开始第一次喷药，每隔15天左右喷药1次。常用药剂及浓度：10%苯醚甲环唑水分散粒剂2 000～2 500倍液、1.5%噻霉酮水乳剂150～300倍液、70%甲基硫菌灵可湿性粉剂1 000～1 200倍液或70%代森联水分散粒剂300～700倍液。还可以在苹果套袋后用倍量式波尔多液喷雾防治，但使用波尔多液时，一定要注意不能过早，苹果套袋前使用易发生果锈，未套袋苹果7月中旬前使用也易发生果锈。喷波尔多液时，还要注意预防螨类大发生。④果实套袋。果实套袋可预防病菌侵染，有利于果实外观品质及质量的提升。⑤加强贮藏期管理。果实入库或入窖前严格剔除病果，库窖应严格控制温、湿度，库窖温度低于5℃时基本不发病。用仲丁胺熏蒸剂处理，能较好地控制该病。

苹果木腐病

苹果木腐病是老苹果园常见真菌病害。据研究报道，侵染苹果树的木腐病菌为9种担子菌门真菌，分别为烟色纤孔菌 [*Polyporus adustus* (Willd.) Fr.]、木蹄层孔菌 [*Fomes fomentarius* (L. ex Fr.) Kickx]、多粗毛盖菌、硬毛粗毛盖孔菌 [*Funalia trogii* (Berk.) Bondartsev & Singer]、粗毛纤孔菌 [*Xanthochrous hispidus* (Bull.)]、东亚木层孔菌（*Phellinus orientoasiaticus*

L.W. Zhou & Y.C. Dai）、杨树硬孔菌 [*Rigidoporus populinus*（Schumach.）Pouzar]、普通裂褶菌（*Schizophyllum commune* Fr.）和彩绒栓菌 [*Coriolus versicolor*（L.）Quél.]。木腐病菌主要为害主干、主干芯材和主干附近的弱枝，老树、弱树受害严重。发病严重的果树表现为叶片黄化、提早落叶、枝干易折，甚至整株死亡。

症状：病菌由木质部芯材向外蔓延，呈深褐色的芯材干枯腐朽后变松软，呈灰白色。在病菌侵染前期和中期，芯材虽严重受害，但外围树皮仍旧存活，树势极度衰弱，遭遇风雨或重压时，极易折断，在树干木质部可见灰白色芯材。

苹果主干半圆形菌体

苹果主干小扇状菌伞

苹果枝干截锯口小扇状菌伞

　　在腐朽部分的树皮上着生病菌子实体，一般生长在腐烂的修剪伤口和截锯口，还有少量生长在虫口或其他伤口。在腐烂的伤口处长出病菌子实体后，木腐病菌一般会随着雨水传播至伤口周围，进而侵染全树。被害植株由于木质部腐朽，水分及养分无法上行，致使树势衰弱。受侵害的枝干生长不良，花少叶黄，木质部变为灰白色，其上枝条生长缓慢，叶片萎黄早落，新梢不长，严重影响产量。

　　伤口处产生的病菌子实体主要分为3类：①子实体半圆形，外披绒毛，菌体边缘薄呈波纹状，常聚生。②子实体为小扇状，菌体外缘向下弯曲，有菌褶，灰白色。③子实体呈铺展形态，初为红褐色且有绒毛，后转为灰黑色且光滑，边缘厚。

苹果枝干铺展形态菌体　　　　　　　苹果主干铺展形态菌体

　　发生规律：苹果木腐病菌在受损枝条病部越冬。条件适宜时，受害部位产生子实体，并产生孢子，经风雨传播后，从截锯口、伤口处侵入木质部并扩大为害，造成木质部腐烂。一般树干中下部受害最重，中上部受害较轻，新梢不受影响。木腐病菌最适生长温度为30～33℃，温度在14℃以下或40℃以上时停止生长。树枝干虫害严重、树体营养不良、修剪操作粗糙、伤口处理不当的苹果树，病害发生严重，此外，持续降雨和果园通风不畅容易发病。

防治措施：①加强栽培管理，提高树体抗病力。发现病死及衰弱的老树，应及早挖除销毁；对于树势较弱的树木，应增施有机肥以增强抗病力；发现病树长出子实体后，应立刻削除后集中销毁，并涂抹愈伤防腐膜保护伤口，防止病菌侵染，同时应防雨水、灰尘等对伤口造成伤害，促进伤口愈合，之后再涂波尔多液或油漆等进行保护；做好树干涂白工作。②药剂防治。发现病树长出病菌子实体且面积小于10厘米²时，应直接涂抹21%过氧乙酸水剂50倍液、25%吡唑醚菌酯悬浮剂500倍液或70%甲基硫菌灵可湿性粉剂50倍液。对子实体面积大于10厘米²的，应立即摘除后集中销毁，并在病部涂抹21%过氧乙酸水剂50倍液、25%吡唑醚菌酯悬浮剂500倍液＋70%甲基硫菌灵可湿性粉剂50倍液，或1.8%辛菌胺水剂1 000～1 500倍液。整形修剪后应在锯口、剪口涂抹硫酸铜溶液消毒。

2.叶片病害

苹果白粉病

苹果白粉病是由子囊菌亚门锤舌菌纲白粉菌目的白叉丝单囊壳菌（*Podosphaera leucotricha* Salm.）引起的一种真菌病害，广泛存在于中国大部分苹果产区，发病程度在不同地区和不同年份有差异，总体来看多为中等程度发生。白粉病菌主要为害苹果新梢、嫩叶、幼果及果柄等。新梢和嫩叶受害后均不能伸长或开展，受害重的新梢干枯、叶片卷曲，发病后期干枯死亡。

症状：白粉病发病最明显的特征是在植物组织受侵染部位表面覆盖一层白色粉状物。顶芽染病后干瘪尖细，呈灰褐色，顶端张开，发芽晚，新长出的5～8个簇生叶片都会被病菌感染；新梢染病后节间缩短，叶形狭窄细长，质地硬脆，不能正常生长且渐变褐色；嫩叶染病后，叶面叶背均覆盖白粉，发病前期叶面颜色浓淡不均，叶片不平展，发病后期叶片自叶缘向上卷起，形成鼓包状，叶片渐萎缩，变褐且焦枯；花器染病后多数不能正常开花，开花后花瓣狭小变形，呈黄绿色，不能坐果；幼果受害后，多在花萼附近产生白粉，果实长大后，白色粉斑脱落，形成网状锈斑。

苹果白粉病叶片症状

苹果白粉病嫩梢症状

苹果白粉病染病叶片皱缩扭曲

苹果白粉病叶柄症状

苹果白粉病整体症状

发生规律：苹果白粉病以休眠菌丝在芽鳞片间或鳞片内潜伏越冬。翌年春季芽萌发时，越冬菌丝产生分生孢子，成为初侵染源。分生孢子随气流传播侵染为害，直到秋末停止，可多次侵染叶片和新梢。病菌1年有2个为害高峰，分别为4月至6月和8月下旬至9月初，与苹果新梢抽长期相吻合，但以春梢生长期（4—6月）为害较重。研究认为，冬季最低温度升高、春季降雨增多及降雨次数频繁是近年白粉病发生严重的主要原因。另外，果园郁闭、地势低洼易积水、偏施氮肥、缺钾、枝条细弱等均利于该病害发生。

防治措施：①加强栽培管理。增施有机肥和磷、钾肥，避免偏施氮肥，采用配方施肥，使果树生长健壮，提高抗病力；合理密植，疏除过密枝条，使树冠通风透光。②清洁果园，消灭菌源。结合冬季修剪，剪除病梢、病芽；早春复剪，剪掉新发病的枝梢，集中销毁或深埋。③药剂防治。苹果发芽前喷洒5波美度石硫合剂或70%硫黄可湿性粉剂150倍液；春季于发病初期，喷施40%腈菌唑可湿性粉剂6 000～8 000倍液、10%苯醚甲环唑水分散粒剂2 000～3 000倍液、12.5%烯唑醇可湿性粉剂2 000～2 500倍液、25%戊唑醇水乳剂2 000～2 500倍液、25%乙嘧酚悬浮剂800～1 000倍液、4%四氟醚唑水乳剂600～800倍液、70%甲基硫菌灵可湿性粉剂600～1 000倍液或15%三唑酮可湿性粉剂1 000～1 200倍液等。发病特别严重的苹果园，秋梢期再喷施上述药剂1～2次即可完全控制白粉病为害。

苹果锈病

苹果锈病又名赤星病、苹桧锈病、羊胡子，其病原为转主寄生菌，当果园周边存在塔柏、桧柏和龙柏等转主寄主时，苹果锈病发生普遍。苹果锈病可由4种担子菌门真菌侵染引起，分别为梨胶锈菌（*Gymnosporangium asiaticum* Miyabe ex G. Yamada）、河口槭胶锈菌（*Gymnosporangium fenzelianum* F. L. Tai & C.C. Cheo）、球形胶锈菌（*Gymnosporangium globosum* Farlow）和山田胶锈菌（*Gymnosporangium yamadai* Miyabe）。锈病病菌主要为害叶片、嫩枝、幼果和果柄，引起果树早期落叶和落果。

症状：

叶片锈病：患病初期，叶片正面会出现水滴状橘红色小斑点，后扩展成圆形，边缘为橙黄色的病斑；发展至一定程度，病斑表面密生黄色细小粒点，即性孢子器，后期小粒点渐变为黑色。发病1～2周后，感病组织背面隆起，并丛生淡黄色细管状物，像胡须，即锈孢子器，内含大量褐色粉末状锈孢子。叶柄患病初期，感病部位形成橙黄

苹果叶片感染锈病初期

苹果叶片感染锈病初期形成橙黄色病斑

病斑表面密生黄色细小粒点

叶片感染后期黄色小粒点变为黑色

叶片锈病正面症状

叶片感染后期叶背丛生淡黄色细管状物

叶片感染后期病部变厚变硬

色、微微隆起的纺锤形病斑，表面
着生点状性孢子器；后期病斑周围
产生毛状锈孢子器。

　　枝条锈病：新梢患病初期症状
与叶柄相似；后期发病部位凹陷、
龟裂且易折断。嫩枝患病初期产生
橙黄色梭形病斑，局部隆起；后期
病部龟裂，易折断。

嫩枝患病后期病部龟裂

果实锈病：花后至幼果期是幼果感病高峰期，染病初期果面出现橙黄色近圆形病斑，病斑初期着生的黄色小粒点，后期变为黄褐色，在病斑周围产生细管状锈孢子器，导致苹果生长停滞、病部坚硬、多畸形。

幼果染病初期产生橙黄色近似圆形病斑　　　果实锈病病斑的黄色小粒点后期变为黄褐色

果实锈病后期症状　　　　　　　　　果实锈病后期症状（病斑表面产生细管状锈孢子器）

发生规律：苹果锈病病菌的转主寄主主要为桧柏等树木，锈病在果树叶片上形成的性孢子和锈孢子在桧柏等树木上形成冬孢子越冬。翌年4月上中旬，越冬孢子出现冬孢子角，并在4月中下旬至5月上旬胶化，产生大量担孢子，随风雨传播到叶片、新梢及果实上，萌发产生侵染丝通过表皮细胞或气孔侵入，展叶后15～20天内完成侵染，在潜伏6～10天后，于5月中旬出现发病高峰。秋季，苹果病叶产生的锈孢子再通过风传回到寄主上，形成冬孢子越冬，完成生活史。该病每年只侵染1次，之后不再侵染。苹果锈病的发病与栽培品种、栽培管理、果园环境以及气候变化等有密切关系。种植感病品种（如金冠系）、管理粗放、树冠郁闭、春季降雨频繁、果园周边种植大量桧柏等树木等均易导致锈病大面积发生。

　　防治措施：①铲除桧柏，切断侵染循环。清除方圆5千米内的桧柏等寄主树木是解决苹果锈病最有效的方法。②控制冬孢子萌发，防止锈孢子侵染。如无法铲除果园附近的桧柏树，应于冬季剪除桧柏等树木上的菌瘿，集中销毁；春雨前在桧柏等树木上喷洒3波美度石硫合剂，可抑制冬孢子散发；秋季可喷施15%氟硅酸(907)乳剂300倍液保护桧柏等树木，防止锈孢子侵染。③药剂防治。苹果树萌芽至幼果期，在桧柏等树木上喷洒1～2波美度石硫合剂1～2次，在苹果树花前、花后各喷洒1次43%戊唑醇悬浮剂2 500倍液或10%苯醚甲环唑水分散粒剂1 500倍液，间隔10～15天喷1次，连喷2～3次。

苹果斑点落叶病

　　苹果斑点落叶病又称轮斑病、褐纹病，最早于1905年在美国密歇根州的农业试验站发现，1924年在美国首次报道，并将该病病原命名为*Alternaria mali* Roberts。在亚洲，1956年日本首次报道了该病害的流行，之后随着感病品种红星的推广，该病害的发生呈加重趋势。20世纪70年代，斑点落叶病开始在我国流行，目前已经发展成为我国苹果的四大病害之一，在我国苹果主产区普遍发生。苹果斑点落叶病主要为害嫩叶，尤其是展叶20天内的嫩叶最易受害；也为害叶柄、1年生枝条和果实。

　　症状：

　　叶片斑点落叶病：多发生在嫩叶阶段，叶龄20天内的新叶受害最重，嫩叶染病初期，病叶上形成直径2～3毫米的褐色圆形斑，并带有边缘清晰的紫色晕圈。发病后期，病斑可扩大到5～6毫米，呈深褐色，边缘晕圈由紫色变为红褐色，病斑呈同心轮纹状。发病严重时，数个病斑融合成不规则大斑。高温高湿条件下，病菌繁殖量大，发病周期缩短，秋梢部位一片病叶上常有10～20个病斑，叶正面和背面病斑产生的分生孢子梗和分生孢子呈墨绿色至暗黑色霉状。后期特别在秋季，深褐色病斑发展为灰褐色干枯病斑，易断裂、残缺、穿孔。

枝干受害，通常在徒长枝或1年生枝条上产生直径2～6毫米的褐色或灰褐色病斑，呈椭圆至长椭圆形，病部凹陷坏死，边缘裂开。发病轻时，仅皮孔稍隆起。

苹果斑点落叶病病斑周围带有紫色晕圈

苹果斑点落叶病数个病斑融合

苹果斑点落叶病多个病斑融合成不规则大斑

苹果斑点落叶病后期病叶

果实斑点落叶病：病菌侵染果实多发生在近成熟期，果面上形成直径2～3毫米褐色至黑褐色病斑，病斑近圆形或椭圆形，常有红色晕圈环绕。果面的病斑有4种类型，即黑点锈斑型、疮痂型、斑点型和黑点褐变型。①黑点锈斑型：果面上产生黑色至黑褐色小斑点，略具光泽，微隆起，小点周围及黑点脱落处呈锈斑状。②疮痂型：为灰褐色疮痂状斑块，病健交界处有龟裂，病斑不易剥离，仅限于病果表皮，但有时皮下浅层果肉呈干腐状木栓化。③斑点型：为褐色至黑褐色的圆形或不规则形小斑点，套袋果实摘袋后病斑周围有花青素沉积，呈红色斑点。④黑点褐变型：斑点及周围变褐，周围花青素沉积明显，呈红晕状；病斑多发生在苹果表皮，不造成果实腐烂。

果实斑点落叶病—疮痂型

威海金果实斑点落叶病—疮痂型

威海金果实斑点落叶病—斑点型

红富士果实斑点落叶病—黑点褐变型

金帅果实斑点落叶病—黑点褐变型

发生规律：苹果斑点落叶病菌以菌丝体在落叶、芽鳞片和病枝上越冬。翌年春季，病斑上产生分生孢子，形成初侵染源。孢子随风雨或气流传播，侵染幼嫩叶片。斑点落叶病菌潜育期非常短，侵染48小时即可发病，而且病菌具有再侵染性强、流行广等特点。一般在5月开始发病，6月出现发病小高峰，全年发病高峰出现在7—8月。降雨是病害流行的主导因素，夏季每次降雨过后几乎都伴随一次侵染发病高峰。斑点落叶病菌大量侵染的决定性天气条件为：在24小时内，降水量（毫米）与降雨持续时间（小时）的乘积至少要达到12，且降雨开始后空气相对湿度维持在90%以上至少10小时；也有研究认为，降雨与随后的发病高峰之间有10～15天的间隔。此外，地势低洼易积水、枝叶郁闭、施肥不均衡、有机肥用量不足、树势弱的果园也容易发生斑点落叶病。

防治措施：①加强栽培管理，增强树势，提高抗病力。选用抗病品种，合理施肥；及时修剪，改善果园通透性，减少侵染源。②清洁果园，减少菌源。每年冬末或翌年早春，彻底清扫果园落叶，并带出果园深埋或销毁，以减少初侵染源。③药剂防治。苹果定果后至套袋前，每遇有叶面流水的降雨，雨后都要坚持用三唑类杀菌剂（43%戊唑醇悬浮剂2 500倍液、25%吡唑醚菌酯悬浮剂2 000倍液等）喷雾。着重在秋梢旺长期、分生孢子第二次释放高峰前后用药，建议选择10%苯醚甲环唑水分散粒剂2 000～2 500倍液或3%多抗霉素水剂300～500倍液。

苹果褐斑病

苹果褐斑病又称绿缘褐斑病，是引起苹果早期落叶的主要病害，在我国各大苹果产区均有发生。病原菌有性态为苹果双壳菌（*Diplocarpon mali* Harada et Sawamura），属子囊菌门真菌；无性态为苹果盘二孢菌 [*Marssonina mali* (P.Henn.) Ito.]，属半知菌类真菌。苹果褐斑病会使树体提前落叶，导致当年二次发芽或秋季二次开花，严重影响次年的花量和经济效益。

症状：叶片染病初期，在叶部产生紫褐色至深褐色小病斑，发病后期病斑演变成针芒型、同心轮纹型、混合型3种类型。①针芒型病斑：病斑呈放射状向周围扩展，无明显边缘，病斑小，数量多，常布满整个叶片；后期叶片逐渐变黄，而病部呈绿褐色。②同心轮纹型病斑：病斑黑褐色，近圆形，边缘清晰，直径6～25毫米，病斑四周叶片褪绿变黄，病斑边缘有绿色晕圈，内部着生分生孢子盘，呈同心轮纹状排列。③混合型病斑：病斑大，暗褐色，圆形或不规则形；病斑上的小黑点呈轮纹状排列或散生，染病后期病斑中心呈灰白色，病斑边缘有绿色、针芒状物，兼有轮纹型病斑和针芒型病斑的症状。3种类型病斑表面均可见蝇粪状小黑点呈近轮纹状排列或散生，且在苹果褐斑病后期，叶片极易变黄脱落，而病斑周围仍保持绿色，该症状可作为甄别苹果褐斑病的重要参考。

叶柄染病后形成长圆形褐色病斑，并导致维管束坏死，叶片干枯脱落。

果实染病多发生在果实近成熟期，发病初期在苹果表皮生成褐色斑点，后逐渐扩大形成近圆形或不规则形褐色病斑，直径6～12毫米，中央凹陷，表面散生小黑点，病斑表层常裂开，果肉呈海绵状褐色干腐。

苹果褐斑病整体症状

苹果褐斑病叶片针芒型病斑症状

苹果褐斑病叶片同心轮纹型病斑症状

发生规律：苹果褐斑病菌主要以菌丝体或分生孢子盘在病落叶上越冬，翌年春季降雨后，潜伏病菌会形成大量分生孢子，借风雨（雨滴冲溅）进行传播，直接侵染叶片，完成初侵染，继而随雨水向上和向外蔓延，进行多次侵染。苹果褐斑病潜育期短，一般为6～12天，且随气温升高、湿度增大，病菌潜育期也会缩短。苹果褐斑病在

苹果褐斑病叶片混合型病斑症状

黄泛平原的发病初期一般为6月，发病高峰为7—9月。苹果褐斑病发生和

流行的主要原因首先是果园内存在大量越冬菌源；其次是降雨，夏季降雨后一般会出现褐斑病发病高峰；第三是负载量过大、严重郁闭、施肥不当、立地条件差等造成树体衰弱，抗病性差。

防治措施：①加强栽培管理，增强树势，提高抗病力。坚持配方全营养施肥原则，秋季施基肥，在保证大量元素充足的情况下，增施有机肥和微生物菌肥，每年6月、9月各追肥1次，结合氨基酸液肥涂干、叶面喷肥等措施增强树势，提高抗病力；及时修剪，中耕除草，保证果园通风透光，降低园内湿度；地势较低或地下水位较高的果园及时排水，保持土壤适宜湿度。②清洁果园，减少菌源。做好清园工作，降低菌源基数，阻断传播途径。落叶后至发芽前，彻底清除病枝及落叶，集中销毁或结合翻耕土壤深埋；春季剪除距地面较近的枝条，切断病菌初侵染途径。③药剂防治。及时对症用药，提高防效，春梢生长期施药2次，秋梢生长期施药1次；春雨早、雨量多的年份适当提前首次喷药时间，春雨晚、雨量少的年份可适当推迟喷药。全年喷药次数应根据雨季长短和发病情况而定，一般来说，第一次喷药后，隔15天左右再喷1次，共喷3～4次；可选择药剂有50%异菌脲可湿性粉剂1 000倍液、1∶2∶（200～240）波尔多液、430克/升戊唑醇悬浮剂3 000倍液、80%代森锰锌可湿性粉剂800倍液、70%甲基硫灵可湿性粉剂800倍液等，多种杀菌剂交替使用防效更佳。

苹果炭疽叶枯病

苹果炭疽叶枯病是我国近年来新发现的一种流行性病害，主要为害嘎啦和金冠系列苹果品种。目前，该病害逐渐蔓延，已成为苹果产区普遍发生且危害严重的病害之一。

苹果炭疽叶枯病最初被认为由围小丛壳菌 [（*Glomerella cingulate*），无性态为胶孢炭疽菌（*Colletotrichum gloeosporioides*）] 引起。后经研究证实，尖孢炭疽菌（*Colletotrichum acutatum*）、喀斯特炭疽菌（*Colletotrichum karstii*）、果生炭疽菌（*Colletotrichum fructicola*）、亚洲炭疽菌（*Colletotrichum asianum*）和隐秘炭疽菌（*Colletotrichum aenigma*）均可引起苹果炭疽叶枯病。

苹果炭疽叶枯病主要为害叶片和果实，造成早期大量落叶，阻碍果实发育并降低果园商品果率；严重影响花芽分化，致使翌年开花不整齐，坐果率降低；导致树体营养不足，降低树体抗逆性，进而致使腐烂病等病害流行，给苹果树的健康生长造成不可估量的影响。

症状：叶片染病初期，产生黑色干枯坏死病斑，病斑边缘模糊。在高温高湿条件下，病斑迅速扩展，1～2天内可蔓延至整张叶片，使整张叶片变黑坏死。发病叶片失水后呈烫伤焦枯状，随后脱落。当环境条件不适宜时，病斑停止扩展，在叶片上形成大小不等的枯死斑，病斑周围的健康组织随后变黄，病重叶片很快脱落。当病斑多且小时，病叶呈现淡褐色稍凹陷的病斑，且病斑周围有不规则深褐色晕圈，类似于褐斑病的症状。病菌侵染后期，病斑上产生大量不规则分布或者类似轮纹状的小黑点，小黑点大部分是分生孢子盘，可产生橘黄色分生孢子团，有些则是子囊壳，可产生子囊孢子。

苹果炭疽叶枯病初期病斑边缘模糊

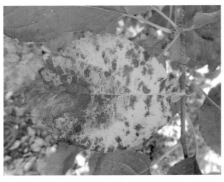

苹果炭疽叶枯病后期叶片焦枯

苹果炭疽叶枯病后期整株叶片脱落

果实染病后，最初在果面形成红褐色小点，后期形成直径2～3毫米的圆形坏死斑，病斑凹陷，周围有红色晕圈，自然条件下果实病斑上很少产孢，与常见苹果炭疽病的症状明显不同。

苹果炭疽叶枯病病斑部位形成坏死斑

苹果炭疽叶枯病叶片组织变黄

苹果炭疽叶枯病整株症状

苹果炭疽叶枯病病斑上的黄色分生孢子团

　　发生规律：苹果炭疽叶枯病菌主要在休眠芽和枝条上越冬，也能以菌丝体在病僵果、干枝、果台副梢和弱枝上越冬。翌年5—6月条件适宜时，产生分生孢子，成为初侵染源。病原孢子借雨水和昆虫传播，经皮孔或伤口侵入叶片、果实，可多次侵染，潜育期一般在7天以上。苹果炭疽叶枯病通常在高温高湿的条件下暴发，降雨是田间发病的必然条件，尤其是7—8月连续阴雨天转晴后，极易发病。病原菌分生孢子萌发最适温度为27℃，萌发需要降雨或者高湿；分生孢子在27.6℃时完成侵染的时间最快，为2.76小时。

　　防治措施：①加强栽培管理，选用抗病品种，增强树势，提高抗病力。及时修剪，中耕除草，保证果园通风透光，降低园内湿度；地势较低或地下水位较高的果园及时排水；增施有机肥，配方施肥，增强树势，提高树体对病害的抵御能力；实行果实套袋，减轻果实发病。②清洁果园，减少菌源。生长季发病后及时清除落叶和病果，带出果园外深埋或集中销毁；休眠季清园，清理病虫枝、果及落叶，刮除树干病原物，集中销毁，做好冬季修剪，铲除越冬病菌。③药剂防治。秋季大量落叶果园，可在当年先喷施1遍硫酸铜溶液（或波尔多液），翌年3月再喷施1遍，对于常年发病的果园，在发病前可使用波尔多液进行预防；果园发病后可用80%全络合态代森锰锌可湿性粉剂800～1 000倍液+25%吡唑醚菌酯悬浮剂1 500～2 000倍液进行防控。

苹果花叶病

　　苹果花叶病是苹果栽培中最常见的病毒性病害，在我国各大苹果产区普遍发生。关于苹果花叶病病原一直存在争议，苹果花叶病毒（*Apple mosaic virus*，ApMV）、李属坏死环斑病毒（*Prunus necrotic ringspot virus*，PNRSV）和苹果坏死花叶病毒（*Apple necrotic mosaic virus*，ApNMV））都被认为与我国苹果花叶病密切相关。苹果花叶病感病苹果叶片常表现花叶、坏死、沿叶脉形成不均匀分布的条纹等症状，导致叶片栅栏组织细胞排列松散、叶绿体畸变、膜结构损坏等，最终影响叶片光合能力和果实品质，严重威胁苹果产业的可持续健康发展。

　　症状：苹果花叶病感病叶片常表现为褪绿，黄化，花叶，生成不规则环、斑、带，或沿叶脉形成不均匀分布的条纹，部分苹果花叶病叶片伴随坏死症状。主要有5种类型，其症状分别为。①斑驳型：感病叶片初期出现

苹果花叶病症状（斑驳型）

苹果花叶病叶片病斑处枯死（花叶型）

苹果花叶病症状（条斑型）

苹果花叶病症状（环斑型）

大小不等、边缘清晰的鲜黄色病斑，后期病斑组织坏死脱落；在苹果生长季，这种症状出现最早且最常见。②花叶型：病叶上生成深绿与浅绿相间的病斑，边缘清晰，发生量较少。③条斑型：叶片主脉、侧脉及小脉失绿黄化，并扩展至附近的叶肉组织，形成宽窄不同的黄化带，严重时整叶呈网纹状。④环斑型：病叶上出现鲜黄色环状或近似环状的病斑，环内为绿色，发生量少而且发生较晚。⑤镶边型：病叶边缘的锯齿及周缘发生黄化，形成变色镶边，近似缺钾症状，病叶其他部分则表现正常，在金冠、青香蕉等少数品种上才会出现这种症状。

发生规律：该病毒主要通过受病毒侵染的砧木、芽和接穗等在嫁接过程中传播扩散，也可通过病株和健株的自然根接传播，或由于修剪用具连续使用不消毒而造成人为传播。果树感染花叶病毒后，便终身带毒且病毒持续繁殖。苹果早春叶片展开不久即出现病叶，4—5月发病最重，夏季高温季节病害不再加重，而到秋季后会短期恢复发病。老、弱、幼、病树在土壤干旱、水肥不足时发病重。乔纳金和金冠等品种对苹果花叶病毒表现敏感，国外研究表明，苹果花叶病毒侵染金冠和红元帅会造成46%和42%的产量损失。苹果花叶病毒毒性株系侵染M9、M15、MM104、MM105等苹果砧木也可引起非常严重的症状。

　　防治措施：①加强检疫。选用无病接穗和实生砧木，培育无病苗木，或将芽条在70℃热空气中放10分钟，可获得脱毒芽条。②培育健苗。认真检查苗圃内苗木，发现病苗及时拔除并集中销毁；或做标记，集中隔离栽培，以防传播。③加强栽培管理。增施有机肥，适当修剪，提高树体抗病力。④生物干扰。利用苹果花叶病毒弱毒株系进行干扰，可起到减轻为害的作用。⑤药剂防治。春季发病初期，可喷施1.5%植病灵乳剂1 000倍液或20%吗呱·乙酸铜可湿性粉剂4 000倍液，隔10～15天喷1次，连喷2～3次，可有效防治花叶病。此外，寡聚半乳糖醛酸300～500倍液对苹果花叶病也有防治效果。

苹果褪绿叶斑病毒病

　　苹果褪绿叶斑病毒（*Apple chlorotic leaf spot virus*，ACLSV）是对苹果为害最大的潜隐性病毒，世界各地均有分布。我国于1989年在苹果上首次发现该病毒，此后在全国苹果种植区均有报道。苹果褪绿叶斑病毒在果树上潜伏侵染，果树生长机理遭受严重破坏，导致长势衰弱及各种病害发生，不仅影响产量，而且还会降低苹果品质，是限制我国苹果生产健康发展的主要因素之一。

苹果褪绿叶斑病毒病症状（苏俄苹果）

　　症状：苹果褪绿叶斑病毒属于潜隐性病毒，很难从植株表面观察出问题。苹果植株在5月中下旬，温度适宜的条件下易感染褪绿叶斑病毒，正常情况下，叶片的一侧出现褪绿斑点，形成黄色斑驳，或呈环斑、线纹斑，极少数叶片两侧同时出现褪绿斑点。与未感染病毒的健康植株相比，感染病毒的苹果叶片更小，部分植株叶片呈匙形。病毒潜入已久的植株顶端枯死。

　　发生规律：苹果褪绿叶斑病毒的

存活期会随着环境温度的升高而缩短。当环境温度由4℃分别升高至20℃、45℃和52～55℃时，存活时间由10天分别缩短至1天、12分钟和10分钟左右。苹果植株花瓣中分布的苹果褪绿叶斑病毒偏多，叶片、枝条等部位分布病毒较少。通常情况下，苹果褪绿叶斑病毒在木本寄主上可经嫁接传播，用带毒接穗进行高接或用带毒接芽与砧木繁殖苗木，均可传毒。

防治措施：①加强检疫。培育和栽培无病毒苗木；苹果褪绿叶斑病毒的耐热性较差，带毒植株在37℃恒温下处理14～21天，即可脱毒。②培育健苗。认真检查苗圃内苗木，发现病苗及时拔除并集中销毁，或做标记，集中隔离栽培，以防病毒传播。苹果褪绿叶斑病毒能侵染多种仁果类和核果类果树，且分布极为广泛。因此，建立苹果无病毒母本园、采穗圃和苗圃时，要注意与梨树、桃树、李树、杏树及樱桃树进行隔离，至少要隔开100米。③加强栽培管理。增施有机肥，适当修剪，及时浇排以增强树势，提高树体抗病力。

苹果小叶病

苹果小叶病又称缺锌症，主要发生在新梢上，是果园中常见的病害之一。我国土壤缺锌问题比较普遍，苹果产区缺锌问题尤其突出，经检测，山东省耕地面积的84.1%以上缺锌，1/3以上的苹果园有效锌含量偏低，46.2%的苹果园发生小叶病。

症状：发病枝萌芽晚，新梢节间缩短，在上梢或外梢的带头枝上小叶簇生，枝条下部叶片乱冒，叶片异常窄小，像松针一样，叶色黄绿，叶缘向上，叶片不平展，春季长叶时症状最为明显，2～3个月后病枝易枯死，

苹果小叶病症状

病枝下部另发新枝，新枝上叶片刚开始正常，之后逐渐变小、着色不均，严重时5～6年生的老枝上全是小叶。病枝花芽明显减少，花较小，不易坐果，所结果实小而畸形。病重树长势衰弱，发枝力弱，树冠不能扩展，产量明显下降。如果连续4～5年得小叶病，下面的根系就会发生腐烂，发病重的树势极度衰弱，树干不扩张，产量低，严重影响苹果树生长。

发生规律：导致苹果树缺锌的主要原因是土壤根系集中分布层（20～40厘米）有效锌含量低；另外，土壤有机质含量、交换性钾含量、交换性钙含量等也与土壤有效锌含量呈正相关，高pH可降低锌的有效性及根系中的锌浓度。在土壤瘠薄、土层较浅、沙质土壤的情况下，锌离子在大水漫灌或是大雨过后均容易随雨水流失，出现缺锌现象。此外，修剪不当也是小叶病发生的重要原因，冬季剪去太多大枝，会导致导管变损，营养供应受阻，果树顶端易形成小叶。

防治措施：①施肥改土。增施有机肥，种植绿肥，改良土壤。②施锌肥。在生长季节采取叶面喷施的方法补充锌。在苹果发芽前半月左右，全树喷施3%～5%的硫酸锌溶液；在苹果盛花期后第三周喷施0.2%硫酸锌+0.3%尿素溶液。也可以在果树发芽前，在树下挖若干条放射沟，施入硫酸锌，一般每亩*施50%硫酸锌10千克。

苹果黄叶病

苹果嫩梢黄化

苹果黄叶病又称黄化病、缺铁症，由苹果树缺铁引起。苹果树对缺铁比较敏感，特别是新梢和幼叶，在春梢抽长期和秋梢抽长期都容易缺铁引起黄叶病。

症状：症状多表现在叶片上，尤其是新梢顶端叶片。初期叶色变黄，叶脉仍保持绿色，叶片呈绿色网纹状，旺盛生长期症状明显，新梢顶部新生叶除主脉外，全部变成黄白色或黄绿色。严重缺铁时，顶梢至枝条下

---

*　亩为非法定计量单位，1亩＝1/15公顷。全书同。——编者注

苹果秋梢黄化

苹果树整体黄化

部叶片全部变黄失绿，新梢顶端枯死，出现枯梢现象，影响果树正常生长发育。

发生规律：苹果出现缺铁症状的影响因素主要包括砧木选择、品种类型、土壤理化性质和水肥管理方式等。山定子和平邑甜茶作为苹果砧木时，缺铁性黄叶病发生程度高，而用新疆野苹果做砧木时则不易发生黄叶病。国光和元帅系品种黄叶病发病轻，而富士系、红玉、金冠及红肉苹果等则发病重。从土壤理化性质来看，种植在花岗岩及片麻岩分化形成的微酸性、中性或微碱性土壤中的苹果树黄叶病发生较少，而种植在以石灰石分化为主的黏质土壤及碱性土壤中的苹果树黄叶病发生重。同时，土壤有机质含量低、板结、易积水等都属于黄叶病发生的诱因。在水肥管理方面，果园大水漫灌、采用滴灌的果园浇水过勤以及大雨后果园积水，均会导致毛细根死亡，诱发或加重黄叶病的发生。

防治措施：①加强栽培管理。低洼积水果园注意开沟排水，春旱时用含盐低的水灌浇压碱；间作豆科绿肥，增施有机肥，改良土壤。②喷施铁肥。发病果园在发芽前喷洒0.3%～0.5%硫酸亚铁溶液，也可在生长季节喷施0.1%～0.2%的硫酸亚铁溶液或柠檬酸铁溶液，隔20天喷施1次；或在果树中、短枝顶部1～3片叶开始失绿时，喷施黄腐酸二胺铁200倍液或0.5%尿素+0.3%硫酸亚铁溶液；也可在谢花后坐果期喷施0.25%硫酸亚铁+0.05%柠檬酸+0.1%尿素的复合肥溶液，10天后喷第二次。③根施铁肥。果树萌芽前将硫酸亚铁与腐熟的有机肥混合，挖沟施入根系分布的范围内，也可在秋季结合施基肥进行，切忌在生长期施用，以免发生药害。④树干注射。用强力注射器将0.05%～0.08%的硫酸亚铁或柠檬酸铁溶液注射到枝干中，可有效控制苹果黄叶病的发生。

3.果实病害

苹果炭疽病

苹果炭疽病又名苦腐病、晚腐病，在新西兰、美国、意大利、韩国等国家都有该病大范围流行发生的报道，是影响苹果生产的一种主要病害。2012年以前，国内外报道苹果炭疽病病原为胶孢炭疽菌 [*Colletotrichum gloeosporioides* (Penz.) Sacc]｛其有性型为围小丛壳菌 [*Glomerella cingulata* (Stonem.) Spauld. & H. Schrenk]｝和尖孢炭疽菌（*Colletotrichum acutatum*）。随着多基因系统发育分析的发展，在新的命名系统下，我国苹果炭疽病病原有5种，分别为尖孢炭疽菌（*Colletotrichum acutatum*）、果生炭疽菌（*Colletotrichum fructicola*）、胶孢炭疽菌（*Colletotrichum gloeosporioides* Sacc）、菱形刺盘孢（*Colletotrichum rhombiforme*）和暹罗炭疽菌（*Colletotrichum siamense*）。苹果炭疽病在我国苹果产区普遍发生，尤其是在夏季高温多雨的地区发生严重。苹果果实在幼果期即可被侵染，近成熟时开始发病，采收后可继续发展，引起采前腐烂、落果以及贮藏期的果实腐烂。

症状：炭疽病主要是在果实成熟期前后和贮藏期为害果实。果实发病初期，果面先形成淡褐色圆形斑点，针头大小且边缘清晰，接着病斑迅速扩大，果肉呈软腐状（果肉微苦，与好果肉易分辨），病组织呈圆锥状深入果肉，随后病斑下陷，果实病斑和病健交界处呈现颜色深浅相间的轮纹。当病斑发展至1～2厘米大时，病斑中心处生出突起的小粒点，初为褐色，后变为黑色，呈同心轮纹状排列，逐渐向外扩展，此即病菌的分生孢子盘；当天气潮湿时，黑色粒点突破表皮，溢出粉红色黏液，即病原菌的分生孢

苹果炭疽病初期病斑下陷　　　　　苹果炭疽病病斑中心生出突起的小粒点

苹果炭疽病后期分生孢子盘溢出粉红色黏液　苹果炭疽病病斑凹陷且中心生出突起的
小粒点

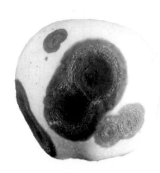

苹果炭疽病后期病斑连片

子团。炭疽病一个病斑就可扩展到果面的1/3～1/2，并可烂至果心，病果上通常有一至多个炭疽病病斑，病斑连片可使全果腐烂，导致果实脱落。

晚熟苹果果实在成熟期染病后，病果易腐烂失水干缩，成为黑色僵果，与健果区别明显，黑色僵果长期悬挂枝头不落。病菌若在采收前侵染果实，在贮藏期果实会继续发病。

病菌多自顶端向下蔓延侵染果台，直至果台整体干枯死亡。枝干发病多在病虫枝、枯死枝及生长衰弱枝的基部，发病症状与果实近似，病斑表面同样产生黑色小粒点，后期病皮龟裂脱落，严重时病部以上枝条逐渐枯死。

发生规律：苹果炭疽病菌主要以菌丝体在枯死枝、病弱枝、干枯果台及病僵果上越冬，也可在刺槐上越冬。翌年苹果落花后，在适宜条件下越冬病菌产生大量孢子，成为初侵染源。分生孢子借风雨、昆虫传播，从果实皮孔、伤口侵入为害。炭疽病菌具有明显的潜伏侵染特征，并且该病在田间可完成多次再侵染。病菌从幼果期至成熟期均可侵染果实，前期由于幼果抗病力较强，侵染后的病菌处于潜伏状态，待果实近成熟期后，果实抗病力降低，才开始发病。近成熟果实发病后产生的病菌孢子（粉红色黏液）可再次侵染为害果实，尤其在7、8月高温、高湿条件下，病菌繁殖快，传染迅速。晚秋气温降低时发病减少，但感病果实仍继续发病。

防治措施：①加强栽培管理，增强树势，提高抗病力。果园增施有机肥，合理修剪，及时中耕除草，避免间种高秆作物，及时排水，苹果园周围不要栽植刺槐树作防风林。②清洁果园，减少菌源。冬季清除树上和树下的病僵果，结合修剪去除枯枝、病虫枝，并刮除病树皮，以减少侵染来源。初期发现病果要及时摘除，防止扩大蔓延。③喷药保护。春季苹果树萌芽前选择铲除性药剂如45%代森铵水剂250倍液、77%硫酸铜钙可湿性粉剂300倍液等全园喷施，果园旁边的防护林也要喷洒，苹果落花后7～10天喷药，每隔10天左右喷1次，直至果实套袋结束。苹果发生炭疽病后，可选择43%戊唑醇悬浮剂2 500倍液、25%吡唑醚菌酯悬浮剂2 500倍液、16%吡唑醚菌酯·二氰蒽醌水分散粒剂2 000倍液、43%氟菌·肟菌酯悬浮剂2 500倍液或70%甲基硫菌灵可湿性粉剂600倍液等药剂进行防治。储运前严格剔除病果、伤果，贮藏期间定期检查，发现病果及时清除。可用70%甲基硫菌灵可湿性粉剂800～1 000倍液浸果或喷果，减少发病。控制储运期间的温度，以0～1℃低温储运效果较好。

苹果黑星病

苹果黑星病又名苹果疮痂病，是影响苹果生产的主要病害。黑星病病原为山楂黑星菌（*Venturia crataegi* Aderh.）和不等黑星菌 [*Venturia inaequalis*（Cooke）G. Winter]。病菌可侵染叶片、果实、叶柄、花、花梗、细枝和芽鳞等，主要为害叶片和果实，严重时常造成落叶、落果和果实开裂畸形。近年来苹果黑星病在辽宁、新疆、陕西和甘肃等地呈暴发性发生，树体大量落叶，未套袋果实产生大量锈斑并失去商业价值，给苹果生产造成较大的经济损失。

症状：花瓣染病后褪色并脱落，萼片染病呈灰色，不易被发现，花柄染病后呈黑色。叶片染病后，于发病初期形成圆形淡黄色病斑，后逐渐变为褐色至黑色，大小为 3 ~ 6 毫米。发病幼叶叶片变小增厚，卷曲失绿，似覆盖油状污染物；老叶发病病斑凸出，并覆盖绒毛状黑色霉层（病原菌的分生孢子及分生孢子梗）；黑星病发病严重时，叶片上多个黑色多角形病斑连接融合，干枯破裂，形成脱落性穿孔。新梢染病后多在顶端约 10 厘米的部位形成小病斑。果实染病后病斑多发生在萼部，初为淡黄绿色斑点，渐变褐色至黑星状斑点，近圆形，表面产生黑色绒状霉层（菌丝体）；随着果实生长，病斑逐渐凹陷、硬化，严重时发生星状开裂，果实成为凹凸不平的畸形果；若果实在深秋受害，病斑密集呈黑色或咖啡色小点，选果时

果实黑星病症状

不易被肉眼察觉，而在贮藏期病斑逐渐扩大。

发生规律：苹果黑星病菌以在病叶或病果上产生的假子囊壳越冬，也以菌丝体或分生孢子在病枝和芽鳞内越冬。假子囊壳产生的子囊孢子为初侵染源，子囊孢子在水滴中较易萌发，借风雨传播，一般在苹果花芽萌动时完成初侵染。叶片和果实染病15天左右便可产生分生孢子，并以分生孢子完成再侵染。分生孢子借雨水飞溅传播，侵入叶片的菌丝产生子座，并在子座上产生分生孢子梗及分生孢子，进行再次或多次侵染，形成秋季染病高峰。黑星病菌主要通过苗木与接穗远距离传播。最适宜苹果黑星病发病的日平均温度为18℃，春季和初夏冷凉的地区发病相对严重。

防治措施：①加强植物检疫。严禁从疫区引入苗木和接穗等繁殖材料，对调入的果树苗木和接穗要进行消毒处理，从源头上杜绝苹果黑星病的发生。②加强栽培管理。建园时栽植抗苹果黑星病品种，合理密植；选择适宜的树形，重施有机肥和磷、钾肥，配合中量微量元素，减少氮肥使用量，合理负载，增强树势，提高树体的抗病力；合理修剪，改善果园通风透光条件。③清园。采果后、落叶后和早春发芽前做好3次清园，彻底清除落叶、病果，集中销毁或深埋，结合冬季修剪，剪除病芽病梢；全园喷60%吡唑·代森联水分散粒剂1 000倍液+40%氟硅唑乳油3 000倍液，降低病菌越冬基数。④果实套袋。果实套袋是阻断病菌侵害果实最有效的途径；套袋时红色果实品种应套双层防水和防虫的遮光袋，黄色果实品种套单层遮光袋，均可有效减轻黑星病的发生。⑤化学防治。在4、5月病原菌的繁殖累积期、6月的流行始发期以及果实采收前后3个关键时期，套袋前喷施50%代森铵水剂1 000倍液+10%苯醚甲环唑水分散粒剂2 000倍液或60%吡唑·代森联水分散粒剂1 000倍液+43%戊唑醇悬浮剂1 000倍液，套袋后喷施80%代森锰锌可湿性粉剂600～800倍液+40%氟硅唑乳油4 000倍液或42%的吡醚·锰锌悬浮剂500倍液+12.5%烯唑醇乳油3 000～4 000倍液。

苹果煤污病

苹果煤污病为煤污和蝇粪复合病害，在全国苹果产区普遍发生，主要为害不套袋果实，苹果生长中后期阴雨潮湿、地势低洼苹果园受害较重，严重影响果实着色和外观质量。苹果煤污病和蝇粪病曾被认为是2种独立的病害，其中，煤污病的病原为仁果座囊菌（*Dothidea pomigena* Schwein.）和仁果黏壳孢 [*Gloeodes pomigena*（Schwein.）Colby]，蝇粪病的病原为仁果黑痣菌 [*Phyllachora pomigena*（Schwein.）Sacc.] 等。近年来，由于分离技术改良和分类研究的深入，发现该类病害的病原多达 100 多种，症状类型也不仅是 "sooty blotch" 和 "flyspeck" 2 个类型，因此科学家将该类病害通称为 "sooty blotch and flyspeck"，建议用 "煤污病" 作为该类病害的中文名称。

目前，国内外报道的煤污病病原种类多达100余种，分属于子囊菌门和担子菌门。其中，我国煤污病的病原多达21种，包括子囊菌门的梗孢（*Dissoconium* spp.）、杨凌后稷孢（*Houjia yanglingensis* G.Y. Sun & Crous）、果生月盾霉（*Peltaster fructicola* Eric M. Johnson, T.B. Sutton & Hodges）、仁果黑痣菌 [*Phyllachora pomigena*（Schwein.）Sacc.]、那霉（*Pseudoveronaea* spp.）、枝氯霉（*Ramichloridium* spp.）、裂盾菌（*Schizothyrium* spp.）、链丝孢（*Scleroramularia* spp.）、苹果横断孢（*Strelitziana mali* R. Zhang & G.Y. Sun）、角状平脐疣孢（*Zasmidium angulare* Batzer & Crous）和担子菌门的脂节担菌 [*Wallemia sebi*（Fr.）Arx] 等。苹果煤污病除了病原复杂外，部分病原的寄主也很广泛，在果园周边的乔木、灌木和藤本植物上均可发生。

症状：苹果煤污病的病斑类型变化多样，主要分为煤污和蝇粪2种。

煤污病斑症状：病菌一般在果实表面形成似被煤烟熏过的不规则黑色煤层，靠近树冠内侧的果面、果柄周围、果实之间紧靠部位、下部果实被叶片盖住部位及果实与枝梢相靠部位首先发病。发病初期，煤污痕迹向周

苹果煤污病斑

苹果蝇粪病斑与煤污病斑混合发生

围扩散，后期逐渐扩大，整个果实似被煤烟熏过的黑果。煤污病斑为棕褐色或深褐色的污斑，边缘不明显，像煤斑，菌丝层极薄，一擦即去。枝干发病后在新梢上产生黑灰色煤状物，较难擦除。

蝇粪病斑症状：病斑形式比较固定，主要是在果面产生黑褐色斑块，黑色斑块是由几个至许多小黑点组成，小黑点呈同心圆或不规则排列。黑色斑块大小不一，直径多为1～3厘米，大型病斑可占到果面近一半。其黑色小点为盾状囊壳，使用放大镜可见黑点周围存在稀疏菌丝，用手难以擦除。苹果蝇粪病斑与煤污病斑常在果实表面混合产生。

苹果蝇粪病斑

不套袋苹果煤污病全果症状（富士苹果）

套袋苹果煤污病症状（套袋富士苹果纸袋包扎不严导致果柄周围发病）

苹果煤污病症状

发生规律：苹果煤污病菌以菌丝和孢子器在苹果树以及果园附近的梨、杏、李树等寄主的芽、果台、僵果及枝条上越冬。翌年，分生孢子借风雨和昆虫传播，在果面形成初侵染。煤污病菌为果面附生菌，病原菌生长繁殖所需营养均为果实自身分泌到表皮的营养物质和表皮上的蜡质。煤污病的发生需要较高的相对湿度和温度，初发生期为每年的6月上旬至9月下旬，侵染高峰期为7月初至8月中旬。高温多雨利于煤污病发生，煤污病菌的侵染受环境温度、降雨、湿度、地理位置等条件的影响。修剪不当、低洼积水、果园郁闭、通风效果差、管理粗放的果园煤污病发病重。此外，树冠外侧和上部的煤污病病果率低于内侧和下部。

防治措施：①加强栽培管理。果园要注意开沟排涝，雨季及时排水，清除园内杂草，降低果园土壤湿度，摘除疏花疏果残留的干枯花序和果柄，减少菌源；合理修剪，增强果园通透性。②药剂防治。多雨年份及地势低洼的果园(不套袋果)，在果实生长中后期及时喷药保护果实，10～15天喷1次，喷药2次左右即可有效预防煤污病为害果实。常用的有效药剂有77%氢氧化铜可湿性粉剂500倍液、70%甲基硫菌灵可湿性粉剂1 000倍液、80%代森锰锌可湿性粉剂800～1 000倍液、10%多抗霉素可湿性粉剂1 000～1 500倍液、10%苯醚甲环唑水分散粒剂1 500～2 000倍液。在降水量大、雾露多的平原和滨海果园以及通风不良的山沟果园，需加喷1～2次。

苹果黑点病

苹果黑点病又称斑点病，是20世纪90年代在国内套袋苹果上发现的一种新病害，我国多个苹果主产区均有发生。目前，我国已鉴定的黑点病病原有4种，包括仁果球腔菌 [*Mycosphaerella pomi* (Pass.) Lindau]、粉红聚端孢 [*Trichothecium roseum* (Pers.) Link]、苹果链格孢 [*Alternaria malicola* G.Y.Sun & J.L. Dang] 和细极链格孢 [*Alternaria tenuissima* (Kunze) Wiltshire]，主要为害套袋果实，枝梢和叶片也可受害。

症状：黑点病菌从皮孔侵入，出现针尖大小黑点，且皮孔、果面萼洼部位变为褐色，后期形成1～3毫米黑褐色、灰褐色或者黄褐色病斑，病斑多为圆形，有的病斑中央凹陷，有小裂纹；苹果黑点病病斑一般仅局限于表皮，并不会深及果肉，也不会引起溃烂，病组织口尝无苦味，在贮藏期也不会扩大蔓延；后期，病斑上长出黑色小粒点。枝干感病后产生圆形或近圆形褐色斑点，后期病斑上长出黑色小粒点。叶片感病后，在叶面产生圆形或近圆形褐色斑点，后期病斑上长出黑色小粒点。

苹果黑点病症状

发生规律：苹果黑点病菌主要以菌丝体或分生孢子在落叶或病果上越冬，翌年春天，病部的小黑点即病原的子座、子囊壳或分生孢子器，产生子囊孢子或分生孢子，孢子借助风雨传播，从果实伤口或皮孔侵入，可进行多次侵染。5—6月产生的孢子数量最多，8月以后孢子量减少，7月是孢子散发高峰期，高温高湿易引起黑点病大发生。果园气候条件、品种和管理水平都影响病害初发时间。树体不同位置的苹果黑点病发病程度差异明显，树体中层的病果率最高，上层外围的病果率最低。

防治措施：①加强栽培管理。增施农家有机肥和磷、钾肥等，配合施用其他微量元素肥料，注意氮肥的用量不宜过高；合理修剪，以防苹果树枝徒长冒条导致树冠过密，培养健壮、通透的树体。选用优质果袋，套袋的纸张要求通气性良好、耐风吹雨打和暴晒，并且不易风化，袋内蜡纸要求涂蜡均匀、光滑。②药剂防治。4月底（苹果落花后），果园喷施80%代森锰锌可湿性粉剂500倍液，5月下旬至6月上旬（套袋前）可喷施12%腈菌唑乳油2 000倍液或20%烯肟·戊唑醇悬浮剂2 000倍液，也可喷施70%甲基硫菌灵可湿性粉剂500倍液。

苹果苦痘病

苹果苦痘病又称苦陷病，是在苹果成熟期和贮藏期常发生的一种生理病害。一般认为苹果苦痘病的发生是由果实钙含量不足引起的，钙在苹果生产中与氮和钾并称为3大营养元素，每生产1吨苹果需要吸收钙3.7千克，高于所需要的氮（2.5千克）、磷（0.4千克）和钾（3.2千克），但钙在果树体内移动缓慢，且易形成不溶性钙盐沉淀并被固定。而目前苹果的主栽品种多为大型果，果实膨大速度较快，易导致果实缺钙而出现苦痘病。

症状：苹果苦痘病通常在苹果近成熟时出现症状，病斑多发生在靠近萼端处，而靠近果肩处则较少发生。果形较大的易发病，病斑在绿色品种中呈深绿色，在红色品种中呈暗紫色。

发病后期病组织果肉干缩，表皮坏死，会显现出凹陷的褐斑，深2～3毫米。轻病果上一般有3～5个病斑，重的可达几十个，遍布果面。病组织呈海绵状褐色坏死，呈圆锥状嵌入果肉深处，坏死组织有苦味。病斑在采收后进入贮藏期也会继续发展。

苹果苦痘病症状

　　发生规律：苹果苦痘病的发生与树体营养元素失衡、果实发育和衰老过程的生理紊乱、细胞壁结构变化等相关。研究表明，在果实成熟期遭遇干旱和温暖天气，由于叶片通过蒸腾作用比果实竞争到更多的水分和钙元素，会诱导苹果苦痘病的发生。在苹果果实贮藏期间，果胶甲基酯酶（PME）活性增加会使得细胞壁产生新的钙结合位点，从而降低质外体游离钙离子的水平，导致细胞膜透性增加，造成细胞死亡，进而果实缺钙出现苦痘病症状。土壤氮钾肥施用量大，容易抑制果树对钙的吸收，也是导致苹果果实缺钙的原因。此外，苹果苦痘病的发生与品种也密切相关，红玉、斗南、元帅、寒富和蜜脆等苹果品种较易感病，澳洲青苹抗性较高。

　　防治措施：①选用抗病品种和砧木，对发病严重的品种，采用高接抗病品种的方法以减轻受害。②改善栽培管理条件。增施有机肥，提高土壤有机质含量，改善土壤理化性质；平衡施肥，氮、磷、钾合理配比，并配合使用中量微量元素；对于pH<5的酸性土壤，可使用石灰或硅钙镁肥来调节土壤酸碱度，一般每亩施用石灰150～200千克、硅钙镁肥50～100千克；保持中庸树势，使枝条不旺长，不与果实竞争钙元素；合理负载，生产适宜大小的果实来减轻苦痘病的发生，既保持树体产量，又使果个不偏大；用拉枝开角、使用生长抑制剂等方法取代环剥，抑制树势，保持根系良好生长，增加钙元素吸收。③叶面、果实喷钙。可喷洒氨基酸钙，果树生长期叶片喷施2～4次，在谢花后3～6周内喷施2次，果实采收前3～6周内喷施2次。喷施浓度：前期使用400～500倍液，中后期使用300倍液。气温较高时易发生药害，喷洒前最好试喷。④加强贮藏期管理。入库前用钙盐溶液浸渍果实，如8%氯化钙、1%～6%硝酸钙等。贮藏期要控制库内温度为0～2℃，并保持良好的通风条件，可减少发病。

苹果霉心病

　　苹果霉心病又称心腐病、霉腐病、红腐病、果腐病。引起苹果霉心病的病原种类比较多，主要有链格孢菌（*Alternaria* spp.）、粉红聚端孢菌 [*Trichothecium roseum* (Pers.) Link]、枝孢霉（*Cladosporium* spp.）、镰孢菌（*Fusarium* spp.）、拟茎点霉菌（*Phoma* spp.）和青霉（*Penicillium* spp.）等真菌。在最近的全国调查中发现，霉心病在我国属中度发生，但在一些地区发病较重，如三门峡地区，在富士品种栽培中历年发病均较重。苹果霉心病主要为害果实，尤以元帅系品种受害严重。

症状：苹果霉心病因侵染病菌不同，果实受害程度也不同。一般认为，链格孢菌引起霉心型症状，粉红聚端孢菌引起心腐型症状。①霉心型：发病初期，果实心室病变后形成褐色、断断续续的点状、条状病点，后期病点扩展成褐色病斑块并发生霉变，常产生粉红色、灰褐色、灰白色、绿色霉状物，该病变组织和霉层仅限于果实的心室，靠近心室的果肉发苦。②心腐型：是苹果霉心病发病程度最重的一种类型，主要表现为病斑突破心室，靠近心室的果肉开始腐烂，且腐烂部位不断扩展，严重者可达果面表皮，腐烂果肉苦味严重。

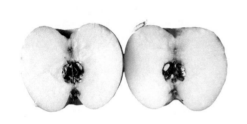

苹果霉心病（霉心型）

苹果霉心病（心腐型）

发生规律：苹果霉心病发生规律的研究报道多集中于链格孢菌（*Alternaria* spp.）。引起霉心病的链格孢菌以菌丝体在苹果芽鳞、果台、病痕、枝梢、落叶等病组织中越冬，越冬病菌在翌年春天成为初侵染来源；病菌还能以分生孢子的形式，藏匿于寄主组织的表面和芽鳞之间，并在芽萌动时侵入芽内组织，霉心病菌在整个生长季可完成多次侵染，但以从发芽期到果实萼筒封闭前最为主要。花芽各层鳞片都带有链格孢菌，带菌率由外层向内层逐层递减，芽心（花原始体）不带病菌。病菌一般经花柱侵入，自花朵开放时开始侵染，从初花至落花期，70%的花柱被链格孢定殖。从落花后3周至果实采收，定殖于花柱的病菌通过萼室间组织陆续进入心室，采收以后，在常温贮藏条件下，继续向心室蔓延。

防治措施：①加强栽培管理。增施有机肥，避免偏施氮肥；合理排灌，降低果园湿度；合理修剪，保持树冠通风透光。②清洁果园，清除初侵染源。在苹果树休眠期，彻底清除树上的僵果，刮除树枝、树干上的粗皮、翘皮，剪干净树上的枯枝，彻底清扫树下的落叶、落果以及地面的杂草。

③药剂防治。在萌芽前利用石硫合剂进行干枝喷淋，铲除芽体上的病菌，也可在苹果树发芽期，全树喷施43%戊唑醇悬浮剂3 000倍液。苹果初花期及落花70%～80%时是喷药关键期，重病园或易感品种需各喷药1次，一般果园或品种只需在落花时期喷药1次。常用的有效药剂为43%戊唑醇悬浮剂2 500倍液、25%吡唑醚菌酯悬浮剂2 500倍液、70%甲基硫菌灵可湿性粉剂800～1 000倍液+80%代森锰锌可湿性粉剂600～800倍液、1.5%多抗霉素可湿性粉剂200～300倍液等，必须选用安全药剂，以免发生药害。特别注意的是，落花后喷药，对该病基本没有防治效果。④加强苹果贮藏期管理。苹果贮藏应严格剔除病果、残次果、碰伤果，贮藏期间应适当降低贮藏库温度，贮藏库温度应控制在1～2℃，以控制病菌扩展蔓延。

苹果褐腐病

苹果褐腐病又称苹果菌核病，病原菌为核盘菌（*Monilinia* spp.），分为楂梓链核盘菌、果生链核盘菌、产核链核盘菌、约氏链核盘菌等。主要在苹果成熟期和贮藏期发生及为害果实，也为害花朵和枝干。若采收并贮藏感病果实，发病后会造成较大损失。

症状：果实染病后，果面初现淡褐色水渍状斑点，病斑扩大后呈软腐状。病组织果肉松软似海绵状，稍有弹性，失去香味，落地不易破碎。在环境适宜条件下，病组织中央部分形成呈同心轮纹排列的灰褐色或灰白色绒球状物，为该病的典型特征。病果最后失水干缩成僵果，多数提早脱落，也有少量残留在树上。在储运期间发生褐腐病的果实，果面一般不产生灰白色绒球状物。

苹果褐腐病症状

苹果褐腐病菌除为害果实外，还为害枝干和花朵，会在枝干上形成溃疡病疤，也可使花朵萎蔫或产生褐色溃疡斑。

发生规律：苹果褐腐病菌主要以菌丝体和孢子在病僵果上越冬。翌年春天形成分生孢子，借风雨传播为害，完成初侵染。孢子潜育期为5～10天。褐腐病菌适宜发育温度为25℃，但在0℃条件下仍能活动扩展，因此在生长季节或贮藏期均可发病，且高温条件下病情扩展迅速。伤口是病原菌侵染的主要途径，病虫害严重、裂果或伤口多等均可导致褐腐病发生。湿度是病原菌流行的重要因素，特别是果树生长前期干旱，后期多雨，褐腐病会大流行。果实近成熟期是发病盛期，晚熟品种染病较多。

防治措施：①加强栽培管理。增施有机肥料，合理施用氮、磷、钾肥，增强树势；合理整形修剪，增强树冠内通风透光性。②清洁果园，减少菌源。秋末或早春进行土壤翻耕，随时清除树上树下的病果、落果和僵果，减少菌源。③防止果实产生伤口，预防病菌侵染。尽量避免果实在采收、包装、运输等过程中挤压碰伤，严格剔除病虫果和伤果；贮藏时，要用纸袋分级包装。④药剂防治。在花前、花后各喷1次1∶（1～2）∶（160～200）的波尔多液或45%石硫合剂结晶30倍液，果实近成熟期喷药2次，常用药剂及浓度：3%中生菌素可湿性粉剂800倍液，70%甲基硫菌灵可湿性粉剂1 000倍液、25%吡唑醚菌酯悬浮剂2 500倍液、45%异菌脲悬浮剂1 000～1 500倍液。⑤加强贮藏管理。在贮藏前，用10%大蒜浸提液或0.3%高锰酸钾液浸果10～15分钟，晾干后贮藏。在贮藏期间，要控制温湿度，温度保持在1～2℃，相对湿度在90%为宜。

苹果水心病

苹果水心病又称糖化病、蜜果病，是果实在生长过程中，由于山梨醇、钙、氮代谢转化失调而导致的生理性病害。通常认为，有水心症状的苹果果实味道会变差，在贮藏后期容易发生果肉褐变，会给生产和经济上带来重大损失。也有人认为有水心病的果实更甜，品质更好，更受广大消费者的青睐。

症状：发生水心病的苹果，开始发病时症状不明显，不易辨认，病果细胞间隙充满一种半透明的水渍状物质（有甜味），外观与正常果无异。病斑可发生在果肉的任何部位，但多发生在果实心室附近和维管束附近。当发病严重或者果实采收后，果实外部可见病斑，病果果皮呈水渍状，透明似蜡。随着时间延长，病果甜味增加，病组织变成褐色，果皮处可见坏死病斑。切开后，果实内部大面积褐变坏死，病部果肉变软腐烂。

苹果水心病症状

苹果水心病后期症状

发生规律：苹果水心病的发生受矿质营养、栽培条件、果实成熟度、品种特性以及环境因素等影响。钙是植物生长发育不可缺少的矿质元素，钙的缺失会导致水心病发生，而树体或土壤中的氮素营养和硼素营养均会抑制树体对钙元素的吸收。果树树势弱、结果多、果园郁闭、施肥与管理不当均会导致果实水心病的发生。套袋后苹果果实因山梨醇和蔗糖含量降低，会抑制果实对钙元素的吸收，加重了水心病的发生。水心病症状通常于苹果近成熟期开始出现，而随着果实成熟度的增加，苹果水心病的发病率也随之增加。元帅系、青香蕉、赤阳、大国光、史密斯、橘苹等苹果品种容易发生水心病，而金冠、旭、芹川、花嫁等品种一般不易患此病。

由于高温时果肉组织较易渗漏，因此果实成熟前的高温是导致苹果果实水心病发生的重要原因。在干旱地区，当果实接近成熟并且在日温差大、光照强的环境条件下时，水心病发病概率极高。高海拔地区苹果水心病发生概率也要显著高于平原地区。

防治措施：①加强栽培管理。合理施肥，增施复合肥和磷肥(0.25千克/株)，不偏施氮肥；注意排灌，保持适宜土壤水分；控制修剪及疏果，调整叶果比。②科学补钙。叶面补钙是苹果树补钙的主要途径，可选择硝酸钙、氯化钙、氨基酸钙、腐殖酸钙、生物钙肥等，并在果树吸收钙的高峰期进行补充。此外，要抓住落花后30天和采收前30～40天，有针对性地直接对幼果补钙。在钙制剂中，根外吸收利用率最高的是腐殖酸类和氨基酸类钙制剂。③药剂浸果。贮藏前用4%～6%的氯化钙溶液浸果5分钟，可减少病害的发生。

苹果疫腐病

苹果疫腐病又称实腐病，病原菌为恶疫霉菌 [*Phytophthora cactorum* (Lebert & Cohn) J. Schröt.]，属卵菌纲疫腐菌属。主要为害苹果果实，还可以侵染果树的根颈及枝干，造成根颈腐烂，最终导致果树整株死亡，在山西、山东、北京和辽宁等地有发生。近年来，果实疫腐病发生频率持续上升，危害也逐年加重。

症状：果实发病初期，果面产生边缘不清晰、不规则云状淡褐色斑点，病斑似水渍状，多发生于萼洼或梗洼附近。病斑扩展迅速，5～6天即扩及全果形成深褐色病果，且果肉逐渐变褐，并沿果皮一直延伸到果核。病果极易脱落，落地后果型不变。

苹果疫腐病果实症状

少数病果的病斑表皮与果肉分离，呈白蜡状，在病果开裂处或伤口处长出白色绵毛状菌丝体。叶片受疫腐病菌侵染后，先出现近圆形褐色斑点，并迅速扩展成不规则形、水渍状的灰褐色或暗褐色病斑，天气潮湿时，病斑迅速扩展，导致新梢叶片脱落。

果树根颈部受疫腐病菌侵染后，皮层呈褐色腐烂状并不断扩大，病斑环绕树干一周后，整个根颈部腐烂，导致枝条发芽迟缓，叶小色黄，最后全株干枯死亡。

苹果疫腐病叶片症状

发生规律：疫腐病菌主要在土壤中存活，孢子囊主要随雨水飞溅传播侵染果实，地表的孢子囊是初侵染和再侵染的唯一来源，因此接近地面的果实最易受侵染而发病。疫腐病菌侵染的适宜温度范围为10～30℃，最适侵染温度为25℃，故该病害发病较早，5—6月是果实疫腐病的侵染及发病高峰期。通常在大雨过后的5～7天，果实大量发病。疫腐病菌在果实整个生长季内均能完成侵染，雨水多的年份发病较重，雨后高温也是该病发生的重要条件，雨后叶部受害最为明显，表现为大量树叶集中脱落。密度大、树干矮、下垂枝多、树冠郁闭的果园发病重。在果园土壤积水的情况下，病菌可通过苹果树根颈部伤口侵入皮层，导致根颈部腐烂。

防治措施：①加强栽培管理，预防果实发病。加强果园排水，及时中耕除草以降低果园湿度，减少发病；及时疏除过密枝条、下垂枝，改善通风透光条件。加强树体管理，适当提高结果部位，结果部位最好距地面50

厘米以上。②清洁果园，减少菌源。随时清除落地的果实，并摘除树上的病果和病叶，集中深埋或销毁。③及时刮治病斑。对根颈部发病的植株，要在春季扒土晾晒病部，刮去腐烂变色的皮层，并用2.12%腐殖酸·铜水剂20~50倍液或石硫合剂涂抹伤口，刮下的病组织应收集销毁。在根颈处覆土时，要换无病新土，覆土要略高于地面，以利排水，减少根颈部积水。根颈部病斑较大时，可进行桥接，促使树势提早恢复。④药剂防治。疫腐病发生较重的果园，可于落花后对树冠下部的果实和叶片进行喷药保护，药剂可以选用1∶2∶200的波尔多液、65%代森锌可湿性粉剂600倍液或80%乙磷铝700倍液等，7~10天喷药1次，以上药剂可交替使用。

苹果果锈病

苹果果锈病属于生理病害，是指在苹果果实发育过程中，果面出现黄褐色斑块，在北方果区各地均有报道。该病可导致苹果表面失去光泽，酷似土豆皮，使苹果外观差，商品性降低。主要发生在维纳斯黄金、金冠品种上，赤阳、国光、红玉、元帅系等也有发生。根据果锈形成原因，划分为冻锈、水锈、药锈等。

症状：果皮微裂是果锈形成的第一个可见症状。发病后，在苹果果面、梗部及萼部长出锈状木栓层，其形状不规则，边缘较明显，没有光泽，严重时，锈斑连成片状，呈淡黄色，果面粗糙。按照发生部位的不同，可分为梗锈、胴锈及顶锈，梗锈不达果肩，对苹果的商品价值影响较小，而胴锈和顶锈对苹果的商品价值影响较大。

苹果果锈病全果症状

苹果果锈病果实萼洼处症状

苹果果锈病果实肩部及胴部症状　　　苹果果锈病果实果柄及肩部症状

发生规律：果锈有两种形成途径，一种是受外界因素刺激导致角质层龟裂、外层细胞暴露，产生木栓组织，从而形成果锈；另一种是外层细胞受环境因素刺激，分裂增殖形成木栓组织，木栓组织顶破角质层后生成果锈。研究认为，果锈有两个高暴发期，一个是盛花期后4周左右的细胞分裂期，一个是在盛花期后8～9周的果实快速膨大期。苹果落花后3周以内是果锈发生的敏感期，也是防控果锈的最佳时期。果锈发生与环境密切相关，高温、高湿、多雨和花期低温等不良外界环境易导致果锈大面积发生；果园郁闭、光照通风差时果锈发生较重。果锈发生还与品种抗性有关，金冠、维纳斯黄金为易感锈品种，红星为抗锈品种。此外，果锈的发生，还与果树栽培措施、果实套袋、果树喷药、机械损伤以及枝叶摩擦等因素有关。

防治措施：①选用抗病品种，如乔纳金、红津轻、王林、丹霞、华冠等苹果品种，抗锈病强。②加强栽培管理。实行科学配方施肥，控制氮肥，加大有机肥和磷、钾肥施用量，实行生草制，割草覆草；在生长季节，定期喷施0.3%～0.5%的磷酸二氢钾。③药剂防治。幼果期喷药保护，避免喷施矿物油制剂、乳油制剂或波尔多液等易刺激果面产生果锈的药剂，合理规范使用农药；严格按照说明书及所需倍数进行喷施，喷头与果面距离保持25厘米以上，幼果期、膨大期坚决不用有机磷、硫黄粉和铜离子制剂及复配的保护剂农药（如波尔多液、石硫合剂、敌敌畏等），尽量不用或少用含硫酸锌、硫酸铁的叶面肥以及市场上不规范的叶面肥等；尽量选择对幼叶安全、无残留、无刺激且持效期长、耐雨水冲刷的水分散粒剂，以生物农药为主。

苹果花脸病（苹果锈果病毒病）

苹果花脸病由苹果锈果类病毒（*Apple scar skin viroid*，ASSVd）引起，主要症状表现为果面着色不均、果实凹凸不平，或形成铁锈色病斑，从而失去商品价值。1935年在我国东北首次报道，目前该病在河北、北京、山东、辽宁、陕西、新疆等地均有发生，且病情有逐年加重的趋势。该病毒具有传染性，通过嫁接或带毒苗木传播。目前，尚未找到有效的治疗措施。

症状：果实上的症状主要表现在着色以后，表面出现红、黄相间的花脸斑纹，常见的有4种类型，分别为锈果型、花脸型、锈果-花脸型、绿点型。

苹果花脸病症状（锈果型）

锈果型：是苹果花脸病主要的症状类型，常见于富士、国光等品种上。发病初期，萼洼处出现淡绿色水渍状病斑，向梗洼处扩展形成5条木栓化铁锈色斑纹，呈放射状，且5条斑纹与心室正相对。在果实生长过程中，病果果皮龟裂或果实畸形；病果易萎缩脱落，不能食用。

花脸型：症状表现为果实着色前果面无明显变化，着色后，果

苹果花脸病症状（花脸型）

面散生许多近圆形的黄绿色斑块；成熟后表现为红绿相间的"花脸"状。不着色部分稍凹陷，与健果相比，果面略显凹凸不平。

复合型：即锈果-花脸混合型，病果着色前，在萼洼附近出现锈斑；着色后，在未发生锈斑的果面或锈斑周围产生不着色的斑块，呈"花脸"状。

绿点型：果实着色后，在果面散生或多或少的深绿色小晕点，稍凹陷，晕点边缘不齐整，类似花脸，也有个别病果顶部呈现锈斑。

发生规律：苹果锈果类病毒可通过汁液及根系接触、含毒基质、修剪工具进行传播，其中根接传毒是风险最高的传播途径。梨树也是该病的寄主，但在梨树上苹果锈果类病毒不表现症状，却可通过根系接触传染苹果。此外，病毒可通过带病苗木的调运进行远距离传播。

苹果花脸病症状（复合型）

苹果花脸病症状（绿点型）

防治措施：①严格执行检疫制度。封锁疫区，严禁在疫区内繁殖苗木或外调繁殖材料；新建果园发现病株要及时挖除，避免与梨树和其他寄主植物混栽。②严格选用无病接穗和砧木以培育无病毒苗木。种子繁殖可以基本保证砧木无病；育苗圃应远离有病树的果园；嫁接时应选择多年无病的树木为接穗的母树；嫁接后要经常检查，一旦发现病苗及时拔除销毁；有花脸病的果园需准备两套修剪、嫁接工具，修剪过花脸病树的工具在每次使用后，用过氧乙酸、石硫合剂或开水煮烫的方式进行消毒。③药剂防治。花后及时喷药，避免昆虫传播，选择药剂为25%噻虫嗪悬浮剂2 000 ～ 2 500倍液；也可自7月上中旬起在果面喷洒硼砂，每周1次，共喷3次，可降低病果率。

苹果裂果病

苹果裂果病是果树生产上常见的生理病害，主要表现为果肉开裂。该病害在富士苹果上尤为常见，尤其是在气候异常、栽培管理不当的情况下，发病较重。苹果裂果病严重影响果实的外观品质，降低果品商品价值，给苹果生产造成较大的经济损失。

症状：苹果裂果病症状有多种，有的表现为果实侧面纵裂，有的表现为从梗洼裂口向果实侧面延伸，还有的从萼部裂口向侧面延伸，裂纹不规则，有深有浅。果肉裂缝处易感染病害，导致果实腐烂。

苹果裂果病症状（侧面横裂前期）

苹果裂果病症状（侧面横裂后期感染病害）

套袋苹果裂果病症状（侧面纵裂）

不套袋苹果裂果病症状（侧面纵裂并感染病害）

不套袋苹果裂果病症状（裂纹不规则并感染病害）

发生规律：苹果裂果病主要在果实生长期出现，水分供应不均或空气湿度变化较大时发生，如长期干旱后突降大雨或浇水以及降雨时梗洼及肩部的积水在高温影响下迅速蒸发，使果皮快速老化，果皮细胞生长滞后于果肉细胞，导致果皮开裂。苹果裂果病在不同的品种之间也存在差异，果实皮薄而脆的品种易发生裂果，蜡质层厚的品种不易裂果，国光、红富士、大珊瑚、冰糖等品种的果实最易发病。土壤黏重、积水、缺硼或氮素过量使用阻碍了根系对钙元素的吸收，均会加剧裂果病的发生。

防治措施：①加强栽培管理。有灌溉条件的果园，在果实膨大期遇到连续干旱超过2周时要酌情灌水；在旱地果园，实施果园覆草、穴贮肥水及节水灌溉技术，通过灌溉或蓄水保墒等措施使果实发育期果园的土壤湿度保持在土壤最大持水量的60%～80%；果园施肥要以农家肥、绿肥等有机肥料为主，重视平衡施肥，适当控制氮肥用量，及时补充钙、硼、钾等肥料。②果实套袋。套袋可以将果实保护起来，避免雨水和强光对梗洼的刺激，减少裂果。③药剂防治。6月下旬到7月中旬喷施15%多效唑可湿性粉剂300倍液2次，间隔时间为15～20天，好果率可达95%以上；8月上旬和8月下旬，分别喷施1次1 000～2 000倍液硼砂，防效明显；果实成熟前，喷施27%高脂膜乳剂500～800倍液或石蜡乳剂，均能减轻裂果。

苹果皱裂

苹果皱裂是近年来在苹果产区普遍发生的一种生理病害，除元帅系苹果抗病性较强外，其他苹果品种均可不同程度发病，嘎啦和富士系品种发病较重，现已成为影响高档苹果生产的一大制约因素。

症状：果肩部出现细碎的裂纹，逐渐布满整个果面，有的皱裂部位被病菌感染，出现褐色至黑色的病斑。

发生规律：苹果皱裂的影响因素主要有品种类型、套袋情况、缺素情况、水分失调和土壤养分失调等。其中，富士品种较容易发生皱裂，且套袋苹果比不套袋苹果皱裂发生更为严重。幼果膨大期长期干旱，而在转色期至成熟期遇连续降水造成水分失调；果实缺钙引起果皮变薄；土壤有机质含量低造成土壤持水能力降低，从而不能有效应对降水月份的变化等因素均会导致皱裂严重发生。

苹果皱裂症状

防治措施：①补钙。补钙是防止皱裂的关键，苹果一般每年有两个需钙高峰期，第一个时期为落花后4周左右；第二个时期为果实细胞体积迅速增大期，多为8—9月，并且第二个时期需钙量占到全年需钙量的70%以上。因此，苹果补钙要分以下几个时期进行：一是3月中下旬，每亩地土施硝酸钙40千克，补足土壤中的钙元素；二是谢花后7～10天起，每隔10天喷施1次0.3%的氯化钙或其他钙制剂，共喷3～4次，重点喷布果实；三是在采收前4周和前2周，各喷一次0.3%～0.4%的氯化钙，着重喷布果实附近的丛叶；四是结合秋施基肥，施入过磷酸钙或硝酸钙，效果会更好。②加强栽培管理。加强栽培管理是防止套袋苹果皱裂的主要措施，一是通过合理修剪调整树体结构，让树体通风透光，提高光效，尤其是一些管理粗放、树体结构欠佳的老果园，应及早进行树体改造，由疏散分层形改造成小冠疏层形，以提高光能利用率；二是疏花疏果，平衡营养生长和生殖生长，调整树体长势以减少枝叶与果实对钙元素的竞争；三是夏剪，利用"刻、剥、拉"等方法均衡营养，促进成花并提高花芽质量；四是秋剪，及时去除果实周围的直立枝，让果实充分着光，增强果实的蒸腾拉力。③加强土肥水管理。加强土肥水管理是防止皱裂的重要环节。一是增施有机肥，增加土壤有机质含量，基肥应在秋季施用，宜早不宜迟，施肥越早效果越好，肥料以腐熟的有机肥为主，配合施入适量磷、钾肥，缺少微量元素的果园要有针对性地施入，施肥后要覆土浇水；二是果园行间生草，果园生草可以为果树提供绿肥，提高土壤肥力，改善土壤结构，调节果园小气候；三是干旱季节及时灌溉。

苹果日灼病

苹果日灼病是由高温、强光和干旱胁迫引起的果实生理病害，通常在日光直射的果实上发生，在气温较高、雨水偏少的地区尤为严重。我国苹果产区主要分布在半干旱地区，且随着水资源的短缺以及矮化砧木在苹果生产上的广泛应用，日灼病害在我国的发生日趋严重，必将成为限制我国苹果品质提升和苹果产区经济效益提高的重要因素。

症状：果实、枝干均可染病，向阳面受害重，被害果病斑初呈黄色、绿色或浅白色（红色果），圆形或不定形，后变褐色坏死斑块，有时周围具晕圈或稍凹陷，果肉木栓化，日灼病仅发生在果实皮层，病斑内部果肉不变色，易形成畸形果。主干、大枝染病后，向阳面呈现不规则焦糊斑块，易遭腐烂病菌侵染后削弱树势。

苹果日灼病症状（病斑带有浅褐色晕圈）

苹果日灼病症状（病斑带有淡色晕圈）

苹果日灼病整株症状

发生规律：温度和光照是苹果日灼病发生的直接影响因素，但该病也受空气湿度、风速和栽培管理等因素的影响。在高温、低湿、干旱胁迫和夏季修剪的情况下，果实晒伤的发生率会增加。风速可以通过降低果实表面温度来影响日灼的发生，当风速从0.3米/秒增加到4米/秒时，可使果实表面温度降低5℃。苹果品种对日灼的敏感性也存在差异，澳洲青苹和乔纳金为日灼的易感品种，富士、金冠、红星和布瑞本等属于比较敏感的品种，而粉红女士和伊达等是最抗日灼伤害的品种。高密度种植的较小树体的果实更容易发生日灼。套袋果实去袋后，在高温和强光条件下，极易产生光氧化型日灼损伤，并且随着高温和强光照胁迫时间的延长，日灼程度会不断加重，发展为坏死型日灼。

防治措施：①加强栽培管理。实施科学灌水，在天气较旱、土壤水分不足的情况下，要满足树体的水分供应，目的是降低温度、增加湿度，防止高温强光条件对果实造成伤害；合理实施夏季修剪，在夏季修剪时，适当保留辅养枝、背上枝、多留南侧枝、西南侧枝，如此可以增加果树叶片总量，以减少阳光直射苹果树枝干和果实的面积。②树干涂白。利用白色反光原理，降低向阳面温度，缩小昼夜温差以减轻夏季高温灼伤；涂白时，避免涂白剂滴落在小枝上灼伤嫩芽。涂白剂的配制：生石灰10～12千克、食盐2～2.5千克、豆浆0.5千克、豆油0.2～0.3千克、水36千克，配制时先将生石灰化开，加水成石灰乳，除去渣滓，再将其他材料加入，充分搅拌即成。③果实套袋。疏果后半月进行，选择双层红里纸袋为最佳。④补充微量元素。主要微量元素的喷施技术是：锌肥(硫酸锌)叶面喷施浓度为0.01%～0.05%，每亩用量为100～150克；硼肥(硼砂)叶面喷施浓度为0.1%～0.5%，每亩用量为100～150克；钼肥(钼酸铵)叶面喷施浓度为0.1%～0.5%，每亩用量为100～150克；铁肥(硫酸亚铁)采用基肥，每亩用量为5～10千克，加适量水后施入，铁肥(硫酸亚铁)叶面喷施浓度为0.05%～3.00%，每亩用量为300～600克。

4.根部病害

苹果白纹羽病

苹果白纹羽病为真菌病害，病原菌为白纹羽束丝菌（*Dematophora necatrix* R. Hartig）。苹果白纹羽病是果树根系病害，发生范围较为广泛，在中国各苹果产区均有发生。果树发病后引起根腐，1～3年后果树整株死亡。

症状：病菌主要为害根系，发病初期毛细根腐烂，严重时根部全部腐烂。病根表面附着白色或灰白色丝网状菌索，遇到日光则变暗绿色。根部表皮下的木质部表面有很多扇状或星状菌丝束，因为白色菌丝或菌丝束在木质部内侵入深，所以表皮与木质部较难分离。根部染病后，树势显著衰弱，发育迟缓，叶小色黄，枝干失水萎蔫干枯，最终整树死亡。

苹果白纹羽病症状	苹果白纹羽病症状（病根表面有菌索缠绕）

发生规律：该病靠接触传染，病原菌接触到果树根部时，以纤细菌索从须根表面皮孔侵入，菌丝可延伸到根部形成层和木质部，从细根开始逐步转向粗大的根，为害严重时可达根颈部。病菌以病根上的菌核和菌丝层在土壤内越冬，能在有机物上存活3～5年。远距离传播主要靠苗木调运。病菌生长最适温为25℃，最高30℃，最低11.5℃。该病3月中旬至10月下旬均能发生，其中7—9月温度高、湿度大、雨量多，有利于病害流行，为发病高峰期。易发病果园一般有以下特点：一是地势低洼、易积水，土壤黏重、板结、呈酸性；二是管理粗放，偏施氮肥，间种红薯、豆类作物，通风透光差，空气湿度大；三是树龄偏大，负载量大，树势衰弱。

防治措施：①选栽无病苗木。苗木出圃时，要严格检查，淘汰病苗；苗木消毒时，可将根部放入70%甲基硫菌灵可湿性粉剂500倍液中浸泡20～30分钟后栽植，也可用47℃恒温水浸40分钟或45℃恒温水浸1小时，以杀死苗木根部病菌。②加强栽培管理。果园增施有机肥和磷、钾肥，促进根系生长，增强树势，提高树体抗病力；合理修剪，防止大小年现象；雨后及时排除积水，以利根系生长；于秋季结合施肥全园深翻，翻土深度从树干向外逐渐加深，树冠下部以20厘米左右为宜，树冠外围应加深至30～50厘米。③治疗病树。受害严重的要清除病根，并在清除后使用50%代森铵水剂400～500倍液或1%硫酸铜溶液进行伤口消毒，然后涂保护剂；也可用20%石灰水、50%代森铵水剂150～300倍液或20%三唑酮乳油1 000倍液浇灌消毒，之后用净土埋好，效果较好。受害轻的刮除病斑，刮后在病部及周围土壤浇5波美度石硫合剂进行消毒和治疗，也可用70%甲基硫菌灵可湿性粉剂1 000倍液或40%甲基硫菌灵可湿性粉剂500～600倍液进行灌注。

苹果紫纹羽病

苹果紫纹羽病又叫苹果紫色根腐病，为真菌病害，病原菌为紫纹羽卷担菌（*Helicobasidium mompa* Nobuj.）。紫纹羽病主要为害苹果、梨、葡萄、枣、桑、杨、柳和槐等多种果树和林木，树龄较大的老果园发病较重。

症状：发病部位为根部和接近地面的树干基部，被害根的表面初期产生赤褐色至褐色菌丝，并集结成中央致密、外面疏松的菌索，呈网孔状或垫状。菌索只在根表面蔓延，并不侵入木质部，故受害部位的表皮与木质部易分离。地下部的菌丝到7月以后沿着树干伸长，近地表部分则形成紫色至赤褐色的垫状菌丝层。病势严重的树木，在地下形成坚硬的不规则菌核。

苹果根部紫纹羽病症状

发病初期，地上部无明显症状，随着根部病情发展，枝叶逐渐褪绿，生长缓慢，树势衰退。病情严重时，枝梢顶端开始枯死，最终果树全株死亡。

发病规律：紫纹羽病菌以菌丝体、根状菌索和菌核在病根上或土壤中越冬。菌核和菌索能抵抗不良环境条件，可在土壤中存活数年。病害主要靠病根与健根接触传播蔓延；带有病菌的灌溉水和农具等也可传病。排水不良、地下水位高、土壤潮湿、土质黏重、土壤偏酸性的果园均易发病。生产上栽培管理粗放、杂草丛生的果园易发病。尤其夏秋季进入高温多雨季节，生长势弱的果树发病重。

防治措施：①科学选址。不在林木迹地建果园；果园不用刺槐（病害寄主）建防风林；选择地势较高、排灌方便的地块建园。②加强栽培管理。增施有机肥、改良土壤、及时排水、合理修剪、适量疏花疏果，以此增强树体抗病能力。③及时查治病树。刮开病部土壤，刮出病部，并在切面涂石灰等量式波尔多浆（1∶1∶15），再用五氯硝基苯消毒，之后盖上土壤，刮出的病根集中销毁；对于感病严重的植株，需要及时清除，以防病情扩散，最好更换新土，重新补种无病苗木。

苹果圆斑根腐病

苹果圆斑根腐病为真菌病害，病原为弯角镰孢（*Fusarium camptoceras* Wollenw. & Reinking）和尖孢镰孢（*Fusarium oxysporum* Schltdl.）。圆斑根腐病为我国北方以及西北地区苹果园的重要病害之一，不仅危害大，而且根部病害不易察觉，果农防治难度较大。该病害通过土壤传播，复发率极高，极易造成果园减产，特别是最近几年，有逐年加重的趋势。

症状：染病果树发病初期，毛细根先受害，在病组织处产生水渍状褐色坏死斑，严重时蔓延及主根和侧根，整个根系内部腐烂，仅残留纤维状维管束，在主、侧根上受害的毛细根基部形成红褐色的腐烂小圆斑。随着病斑的扩展，深达主、侧根的木质部，使整段根变黑死亡。湿度大时根茎表面产生白色

苹果圆斑根腐病症状

霉层，坏死病株易从土中拔起。发病后期地上部分生长不良，叶片小且由外向里逐渐卷曲、干枯，最后果树整株枯死。

发病规律：苹果圆斑根腐病菌为土壤习居菌，可在土壤中存活，也可寄生在果树根部，表现为弱寄生，通常在树势较弱时才可能发病。病原菌主要通过土壤传播，从伤口处侵入。在长期干旱、缺肥、土壤盐碱化、水土流失严重、土壤黏重板结、通气不良、修剪过重、伤口过多过大、果树结果过多及其他病虫严重为害等条件下，该病发生重。此外，苹果圆斑根腐病与果园土壤缺钾关系密切，缺钾果园树体不抗旱，容易发病；反之，施钾量大或不缺钾果园，发病轻或几乎不发病。

防治措施：①选择无病苗木。起苗和调运时，严格检查，剔除病、弱苗，选择健壮无病苗木，对有染病嫌疑的苗木，可用4%嘧啶核苷类抗菌素水剂400倍液、70%甲基硫菌灵可湿性粉剂800倍液或3%噻霉酮微乳剂800倍液浸根消毒。②加强栽培管理。增强树势，改善果园排灌设施，做到旱能浇，涝能排；改良土壤结构，防止水土流失，有条件的果园可进行深翻；合理修剪，调节树体结果量，控制大小年；肥力差的果园，要多种绿肥压青，采用配方施肥技术，增施钾肥。③药剂灌根。在早春或夏末病菌活动时，以树体为中心，挖深70厘米的辐射沟3～5条，长度以树冠外围为准，宽30～45厘米，浇灌3%中生菌素可湿性粉剂600倍液或7%碱式硫酸铜水分散粒剂500倍液，施药后覆土。④扒土晾根。春秋扒土晾根，刮治病部或截除病根，晾根期间应晾至大根，避免树穴内灌入水或雨淋，晾7～10天，刮除病斑后可用波尔多液或石硫合剂灌根。

苹果根癌病

苹果根癌病也叫根瘤病、冠瘿病，是由根癌土壤杆菌属（*Agrobacterium* spp.）的致病菌引起的根部细菌性病害，主要为害根颈、主根和侧根。根癌病可以为害结果大树，但更多在苗圃发生。此病一旦发生，不易控制，危害严重，果树染病后发育不良、树势衰弱、生长迟缓、产量减少，甚至死亡。近几年该病发生越来越重，在梨、苹果、石榴等仁果类果树及核果类果树上均有发生，应引起广大果农的重视。

症状：根癌病菌通常侵染果树根、茎部，发病初期在侵染处形成灰白色瘤状物，内部组织松软，外表粗糙，随着树体生长，瘤体不断增大，表皮枯死、龟裂，呈褐色或暗褐色，瘿瘤木质化，质地坚硬，近圆形或不定形，大小为2～5厘米不等。瘿瘤表面或四周生长细根，严重时整个主根变成一个大癌瘤。果树患病后，侧根减少，水分养分运输受阻，叶薄色黄；发病晚期，由于病株的根部对水分和养料吸收差，树势衰弱，落花落果，最终时整株干枯死亡。

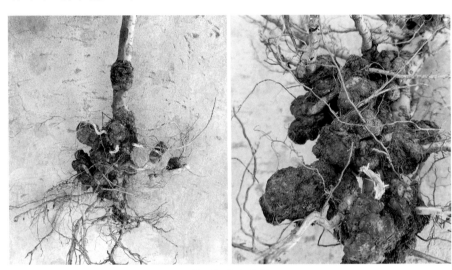

苹果根癌病症状

发病规律：苹果根癌病原菌为根癌土壤杆菌，根据其生理、生化及致病性特征，根癌土壤杆菌可分为3种生物型，即Ⅰ型、Ⅱ型和Ⅲ型，其中，山东苹果根癌病致病菌多数为生物Ⅱ型，少部分为生物Ⅰ型。根癌土壤杆菌在自然条件下可长期在土壤中存活，带菌土壤为该病主要侵染源。病菌可由嫁接伤口、虫伤或机械造成的伤口侵入，病菌侵入后刺激苗木根部细胞增生膨大而形成瘤状物。该病发生与土壤结构和土壤pH有关，一般疏松的偏碱性土壤及湿度高的条件下发病重。苗圃病菌传播途径主要是土壤传染和使用带菌材料扦插、嫁接或栽植传播。苗木根系伤口多、重茬地块、地下虫害重的苗圃，根瘤病发病重。

防治措施：①认真选择育苗基地。育苗基地应选择未感染过根癌病的地区，应土壤疏松、排水良好，避免盐碱地。如已感染病菌，起苗后要捡除土内残根，与不感病农作物、树种轮作，并于每亩地施用硫酸亚铁或硫黄粉5～15千克消毒。②严格检疫。采用芽接法育苗，尽量避免采用劈接法，可减少发病。苗木出圃时严格检查，发现病苗立即挖除销毁，对可疑苗木要进行根部消毒，可用1%硫酸铜溶液浸泡10分钟或30%石灰乳浸泡1小时后，用水冲净再定植。③使用土壤杆菌K84浸根处理。在根癌病多发区，苗木定植前用放射土壤杆菌K84浸根，对预防该病有效。④药剂处理。结果树发病，扒开根颈部土壤，把病瘤切掉刮净，然后用5波美度石硫合剂、硫酸铜溶液等消毒，再用石硫合剂或波尔多浆涂抹保护。

5.环境伤害

苹果冻害

冻害在我国苹果主产区每年都有不同程度的发生，主要分为枝干冻害和花期冻害。我国北方苹果产区发生冻害的频率比较高，冬季极寒天气易引起枝干冻害，春季倒春寒造成花期冻害。

症状：枝条受冻后，冻害部位的形成层、髓部和木质部均变为淡褐色；主干皮层（树皮）纵向开裂；树干基部（砧穗结合处）受冻害皮层变成黑褐色，严重的主干皮层变褐塌陷，树体不能正常输送营养，翌年，枝干耗

砧穗结合处受冻害皮层变成黑褐色　　　　　新栽幼树主干受冻

尽自身养分后，萎蔫干枯死亡。根系受冻后，皮层变褐色，皮层与木质部容易分离甚至脱落。

花芽受冻后畸形、分化不完全、局部变褐，严重的整个花芽死亡；叶芽受冻后，生长点先变褐，后叶的原始体逐渐变褐色，严重的整个叶芽死亡，更严重的整株树枯萎，主干皮层变褐塌陷，树体死亡。

花蕾期和花期受到低温冻害之后，花器当中雌蕊最先受害，虽然花蕾正常开放，但不能授粉和结果，霜冻严重时花瓣严重脱色，雄蕊被冻死，停止生长，最后逐渐脱落。

花柱受冻害症状

雌蕊、雄蕊受冻害症状

苹果部分雄蕊受冻害症状

子房、雌蕊、雄蕊受冻害症状

开花到幼果阶段，果实受害果肉组织出现冻伤，果柄部或者萼端会形成锈色的环带，受害严重时果实畸形，生长发育迟缓，最终脱落。幼嫩的叶片受害后，叶色逐渐变成褐色，叶片发软，直至干枯。

发生规律：冬季发生冻害的直接原因是在果树尚未进入休眠期时气温骤降，长时间的低温天气使果树枝干和花芽遇冷受害。冬季枝干冻害的严

苹果盛花期受冻害后花瓣萎蔫

重程度受立地条件、树龄和品种等因素影响。其中，低洼地、平原地发生冻害重于山坡地、山岭区以及河湖滩地；20年生以上的老弱树和2～3年生的幼树发生冻害严重；乔化树冻害重于矮化树；雪覆盖面以下冻害较轻，雪、树交界面处冻害较重，交界面以上次之；树体东南面冻害轻于西北面；粗皮病发生部位、剪口、伤口处比健康部位冻害重；富士品种易受冻害，其次是金冠、美国8号、红露、嘎啦等，冻害严重程度基本上呈晚熟品种＞中熟品种＞早熟品种。

　　花期冻害的直接原因是大风低温寒潮来袭，降温幅度大，长时间的低温使正处于花序分离期-初花期的器官受到冻害。冻害的严重程度受立地条件和品种等因素影响。低洼地、近水地发生冻害明显重于山坡地；枝条、叶片、花瓣受冻害较轻，雄蕊花药、花丝和雌蕊子房受冻害较重，中心花冻害重，边花冻害轻，均以子房受冻明显。

　　防治措施：①合理建园并种植防护林。种植地应具备充足的光照、在冬季可以防止果树被冷空气侵害等地理条件，并在果园四周栽植具有透风结构的防护林。②积极开展防冻措施。在选种育苗时，尽量选用具有一定防冻害和防旱性能的矮化苹果品种，并积极采取防冻措施。在提高树势的同时，冬季进行树干涂白或使用废旧布条与秸秆等绑扎树体；在温度迅速下降的时候，进行熏烟与灌水。③枝干受冻后精细化管理。一是及时进行地面浇水或树冠喷淋，树体喷施低浓度营养液（0.3%～0.5%尿素＋

0.2%～0.3%磷酸二氢钾）或者防冻液等，以提高树体抗性；二是延迟修剪，遭受冻害的果树发芽较晚，受冻害部位和程度难以精确判断，冬季修剪应推迟到开花后进行，根据冻害程度和恢复情况决定修剪的程度和剪截部位，要轻剪，切忌大量剪锯，否则伤疤太多，加重树势衰弱；三是加强病虫害防治，果树受冻害后树体衰弱，抵抗力差，容易发生病虫害，要加强病虫害综合防治，尽量减少因病虫害造成的产量和经济损失。④春季花期受冻后精细化管理。一是叶面喷肥，用0.3%～0.5%的尿素、0.2%～0.3%的硼砂或其他叶面肥对叶面、花朵进行喷雾，促进花器官发育和机能恢复；二是人工授粉，在受冻果园实施人工辅助授粉，充分利用边花、腋花芽结果，弥补花量的不足；三是精细定果，对受害果园在幼果坐定后进行精细疏果，选留果形端正、果个较大的发育正常果，疏除弱小、畸形、受冻害坏果；四是加强病虫害防控，及时防治金龟子、蚜虫、花腐病、霉心病、黑点病、腐烂病等为害果实和花朵，以免加剧对产量的影响。有条件的地区一定要春季灌水，结合灌水增施有机肥和化肥，提高树体营养，使部分受冻花得到恢复。

苹果雹灾

　　雹灾属于恶劣性极端天气，具有局部发生、持续时间短、突发、时间集中、频次高及灾害严重等基本特征。冰雹可直接造成果树树体、枝叶和果实的机械损伤，导致裂果、果腐、枝枯及其他次生危害。近年来，作为中国苹果主产区的陕西、山西、河南、新疆、甘肃、青海以及山东烟台等地时有冰雹袭击，给苹果生产造成重大损失。

　　症状：树冠中上部和枝背部树（枝）皮破烂，甚至折断，伤口处变褐色；叶片破损不全，有的脱落，后期伤叶变黄；树冠上部外围和枝条背上两侧梢端的果实伤痕累累，病部变褐，凹凸不平，甚至脱落。受害较重者叶果大量脱落，枝干伤口组织褐化死亡并影响花芽分化，造成翌年树弱果少，且引起腐烂病大发生，危害极大。

　　发生规律：果园遭受雹灾后，果树不同生长方位的受害程度不同，树冠上部、外围和迎雹面受害较重，树冠内部和背雹面受害较轻。冰雹发生区域性明显，形成冰雹的积雨云区比较狭窄，常沿山脉、河谷移动，降雹地区多呈带状分布，故有"雹打一条线"之说。冰雹历时较短，一次降雹

受雹灾危害的枝条

受雹灾危害的果实和枝叶

受雹灾危害的果实

受雹灾危害的幼树

时间一般只有2～10分钟，多在午后或傍晚发生，常伴有短时强降雨和大风。冰雹发生情况年际变化大，在同一地区，有的年份连续发生多次，有的年份发生次数很少，甚至不发生。

　　防治措施：①预防为主。避开降雹区建苹果园；架设重量轻、抗老化、透光性强的菱形白色网防雹；选用双层纸袋进行果实套袋；利用高射炮轰击雹云，增温化雹为雨。②灾后补救。一是清园防病，雹后立即清园，清扫残枝、落叶、落果，摘除重伤果、重伤叶、重伤枝，一同深埋，并喷施80%代森锰锌可湿性粉剂800倍液、25%吡唑醚菌酯悬浮剂2 500倍液或70%的甲基硫菌灵可湿性粉剂800倍液，从雹后开始喷施，每隔7～10天喷施1次，共3～5次，可防止病害大发生；二是疏留幼果，及时疏除受损严重、无商品价值的幼果，有利于保留树体养分，避免残果生长损耗养分，影响花芽分化和翌年产量，对仅表皮受轻微雹伤的幼果尽量保留，加强土肥水管理，确保生产出优质高档果，把冰雹造成的损失降到最低；三是补充营养，在叶面喷施氨基酸肥（或0.3%磷酸二氢钾+0.3%尿素），为果树补充营养素，促进光合作用，增强树体抗逆性和免疫力，促进伤口愈合，复壮树体；四是中耕松土，雹灾后土壤透气性变差，地温偏低，果树根系生长受到影响，未生草的果园，应连续翻土2～3次，破除板结层，提温通气，恢复根系吸收水分和养分的功能，同时可增施微生物菌剂，促进根系的生理活动，及早复壮树体。

二、苹果虫害

1.枝干虫害

苹果绵蚜

苹果绵蚜（*Eriosoma lanigerum* Hausmann）属同翅目瘿绵蚜科，分布于世界各地，主要为害苹果、海棠、花红、山荆子等果树。在我国山东、天津、河北、陕西、河南、辽宁、江苏、云南及西藏的拉萨等地均有发现。

为害状：苹果绵蚜以无翅蚜聚集于苹果果树背光的伤疤、剪锯口、树皮裂缝、新梢叶腋以及短果枝端的果柄、梗洼和浅土中或露于地面的根部等处为害，严重时可为害果实。

苹果绵蚜在露于地面的根部为害

苹果绵蚜聚集为害枝条

苹果绵蚜为害果实

苹果绵蚜为害枝干

　　苹果绵蚜多分泌白色蜡质绵状物，并可分泌消化液刺激树体在受害部位形成瘤状突起。瘤状突起破裂后，形成的畸形伤口更易于苹果绵蚜聚集为害。根部受害后，肿瘤逐渐密集，且不再继续生长须根而是逐渐腐烂。由苹果绵蚜为害形成的伤口，容易导致其他病虫的侵入为害，受害严重的树体死亡。

苹果绵蚜为害枝干截锯口部位形成瘤状突起

苹果绵蚜为害枝条形成瘤状突起

苹果枝条瘤状突起破裂后的畸形伤口　　苹果绵蚜为害枝条形成畸形伤口（绵蚜分泌白色蜡质绵状物）

识别特征：成虫分2种，第一种为无翅孤雌胎生蚜，体卵圆形，长1.7～2.2毫米，黄褐色至赤褐色，背面有大量白色棉状长蜡毛；第二种为有翅孤雌胎生蚜，体椭圆形，长1.7～2.0毫米，体暗褐色，头胸黑色，腹部橄榄绿色，全身被白粉，腹部白色棉状物较无翅孤雌胎生蚜少，翅透明，翅脉和翅痣黑色。卵为椭圆形，中间稍细，由橙黄色渐变褐色。若虫分有翅与无翅2型，幼龄若虫略呈圆筒状，棉毛很少，触角5节，喙长超过腹部，四龄若虫体形似成虫。

绵蚜有翅孤雌胎生蚜　　　　　　　　绵蚜若虫（体被有白色绵状物）

发生规律：苹果绵蚜以低龄若蚜在树干的伤疤、裂缝以及地表根蘖处越冬。翌年4月上旬，苹果萌芽时越冬虫开始出蛰。5月上旬，越冬若蚜发育为成蚜，卵胎生产第一代若蚜，多在原处进行为害。5月中下旬至6月是

苹果绵蚜若虫和被寄生的苹果绵蚜（被寄生后变成黑色）

全年的繁殖盛期，完成1代只需11天左右，一龄若蚜多转移到新生枝条处为害。7、8月受高温多雨和寄生蜂、瓢虫等天敌捕食的影响，蚜群数量锐减。9月中旬至10月，气温有所下降，适于苹果绵蚜的繁殖，伴随大量有翅蚜的产生，出现第二次为害高峰期。到11月中旬，若蚜进入越冬状态，在根部越冬的苹果绵蚜为无翅的若虫、成虫，越冬期不休眠，继续为害果树。

防治措施：①加强检疫。苹果绵蚜主要靠带虫苗木和接穗远距离传播扩散，应禁止从苹果绵蚜发生区调运苗木和接穗。②消灭越冬虫源。在冬季和早春果树休眠期，细致刮除老粗皮及剪锯口、伤口、伤疤等处的翘皮，清除树冠下的杂草、落叶、根蘖，结合果树修剪，及时剪除虫枝、虫叶、虫果，并将果园废弃物带出园外集中销毁。③保护利用天敌。加强对蚜小蜂、瓢虫等苹果绵蚜天敌的保护利用，可在5月下旬至6月上旬释放苹果绵蚜蚜小蜂，每7天释放1次，连续释放3次。④药剂防治。一是树干敷药，在距地面40厘米左右的主干上，轻刮一圈宽度约10厘米的树皮，包扎浸泡过药液的废布，可有效阻止越冬绵蚜上树为害，药剂及浓度为25%噻虫嗪悬浮剂100 ～ 200倍液或22.4%螺虫乙酯悬浮剂200 ～ 300倍液。二是灌根防治，在4—5月进行，可在苹果树主干基部1.5 ～ 2.0米^{2}范围内，铲去5厘米深的表土，按照25%噻虫嗪乳油有效含量8克/株的剂量，灌入根部后浇灌覆土。三是喷施高效低毒化学药剂，宜在苹果树开花前、开花后和苹果树部分叶片脱落之后进行，选择药剂为22.4%螺虫乙酯悬浮剂3 000 ～ 5 000倍液等。

桑天牛

桑天牛 [*Apriona germari*（HOPE）] 又称桑褐天牛，属鞘翅目天牛科，是重要的蛀干害虫，广泛分布于我国各苹果产区。桑天牛幼虫、成虫均可对寄主造成危害，成虫取食枝皮，幼虫蛀食树干和树枝，造成树势衰弱，已经成为制约我国苹果产业健康发展的重要害虫之一。

　　为害状：桑天牛主要以幼虫蛀食枝干为害。幼虫向下蛀食木质部形成蛀道，每隔一定距离外蛀形成一排粪孔，排出粪便。从上至下，排粪孔逐渐增大，孔间距逐渐增长。排粪孔的排列位置，一般在同一方位顺序向下排列。成虫主要啃食嫩枝皮层和叶片。

桑天牛为害枝干（外排锯末状粪渣）

桑天牛为害主干

桑天牛为害枝干（蛀道扁宽）

　　识别特征：成虫体长34～46毫米、宽8～16毫米，黑褐色或黑色，密被青棕色或棕黄色绒毛；鞘翅基部有黑色光亮颗粒状凸起，翅端内、外角均呈刺状；触角超过体长，呈丝状，共11节，基部2节黑色，其余为黑褐色、灰白色。卵为长椭圆形，长5～7毫米，呈乳白色。幼虫老熟时体长45～60毫米，圆筒形，乳白色；头黄褐色，缩在前胸

桑天牛幼虫

内；前胸背板密生黄褐色刚毛，后半部有红褐色颗粒。蛹长30～50毫米，纺锤形，初期呈淡黄色，后期为黄褐色。

　　发生规律：广东、台湾、海南1年1代；江西、浙江、江苏、湖南、湖北、河南（豫南）、陕西（关中以南）2年1代；辽宁、河北2～3年1

代。南北各地的成虫发生期也因此存在迟早差异，一般北方地区在11月中旬，树干中的桑天牛幼虫开始越冬，翌年3—4月相继活动为害，老熟幼虫于5月下旬开始化蛹，6月中下旬成虫开始羽化，7月中旬进入羽化盛期。成虫羽化极不整齐，羽化期可从6月延续至8月。卵期7～15天，幼虫期24～36个月，蛹期23～30天。

防治措施：①消灭越冬虫源。保持树干光洁，刮除老树皮，防止成虫产卵；剪除或伐除受害严重的枝条和果树，并及时销毁，以减少虫源。

树干涂白

②物理阻隔和诱捕。树干涂白，成虫产卵期在树干上涂刷石灰硫黄混合涂白剂（生石灰10份：硫黄1份：水40份）以阻止成虫产卵；在成虫发生期内及时捕杀成虫，将其消灭在产卵之前；产卵后根据产卵特性，寻找新鲜产卵痕迹处挖杀卵粒和初龄幼虫。在生长季节，根据桑天牛排出的锯末状虫粪找到新鲜排粪孔后，用细铁丝插入刺杀木质部内幼虫，或用天牛钩杀器钩出树干内的幼虫进行杀灭。③药剂防治。在低龄幼虫期，找到新鲜排粪孔后，使用注射器从最下方的排粪孔向内注入5%氯氰菊酯乳油100～300倍液或480克/升毒死蜱乳油100倍液熏杀幼虫。

豹纹木蠹蛾

豹纹木蠹蛾（*Zeuzera leuconotum* Butler）又名六星黑点蠹蛾，为鳞翅目木蠹蛾科豹蠹蛾属的一种钻蛀性害虫。广泛分布在河北、河南、山东、山西等地。豹纹木蠹蛾以幼虫蛀食苹果、枣、桃、柿子等果树及杨、柳等林木的枝梢，使枝梢干枯断折，严重者导致树木整株死亡。

为害状：豹纹木蠹蛾主要以幼虫蛀食寄主植物的枝梢，初孵幼虫多从新梢上部芽腋处蛀入，蛀入前先在韧皮部与木质部间咬一蛀环，然后沿髓部钻蛀，同样经一段距离咬一排粪孔，被害枝条3～5天枯萎，这时幼虫移出向下不远处重新钻蛀，致使当年生枝条全部枯死。

豹纹木蠹蛾幼虫钻蛀枝干

识别特征：雌蛾体长20～38毫米，雄蛾体长17～30毫米，前胸背面有6个蓝黑色斑点；前翅散生大小不等的青蓝色斑点；腹部各节背面有3条蓝黑色纵带，两侧各有1个圆斑。卵为长圆形，初为黄白色，后变棕褐色。幼虫体长20～35毫米，赤褐色，前胸背板前缘有1个近长方形的黑褐色斑，后缘具有黑色小刺。蛹体长约30毫米，赤褐色，腹部第二节至第七节背面各有2排短刺，第八腹节有1排，尾端有短刺。

发生规律：豹纹木蠹蛾1年发生1代，以幼虫在枝条内越冬。翌年春季枝梢萌发后，越冬幼虫沿枝梢髓部向上蛀食，5月上旬幼虫在虫道内吐丝缀合木屑堵塞两端，并向外咬1个羽化孔，即行化蛹。5月中旬成虫开始羽化，羽化前，蛹向羽化孔外移出大半。6月上旬为该虫羽化盛期，成虫昼伏夜出，有趋光性。卵数粒产在一起或单产于嫩梢及叶片上，7月前后为卵孵化盛期。

防治措施：①消灭越冬虫源。剪除受害严重的枝条，对受害严重且失去产果能力的被害树木进行伐除，并及时销毁，以减少虫源。②灯光诱杀。5月中旬开始设置黑光灯诱杀成虫。③生物防治。在春季幼虫取食排粪期，清理干净虫孔粪屑，向蛀道内注射昆虫病原线虫Steinernema feltiae悬浮液，用量为3万～4万条/孔，于5—9月施用。④药剂防治。7月中下旬幼虫孵化期，在幼虫蛀入枝干前，采用50%杀螟松乳油1 000倍液喷施树冠。

金缘吉丁虫

金缘吉丁虫（*Lampralimbata gebler*）属鞘翅目吉丁甲科，是苹果、杏、桃等果树的蛀干害虫。国内分布于华北、华东、西北及辽宁、湖北等地，

为害状：以幼虫蛀食果树枝干，多在主枝和主干的韧皮部与木质部间蛀食，主干表皮变褐并稍下

金缘吉丁虫蛀孔及被害处外表变褐色

金缘吉丁虫蛀道

陷, 敲击有空心声, 受害部位后期常纵裂, 树势削弱, 重者枯死。被害枝上常有扁圆形羽化孔, 树皮粗糙的树木被害处外表症状不明显。

识别特征: 成虫体长13 ~ 17毫米、宽5 ~ 6毫米, 体纺锤形略扁, 虫体翠绿色有金黄色光泽; 前胸背板和鞘翅两侧外缘有金红色纵纹。卵为长扁椭圆形, 长约2毫米, 宽约1.4毫米, 初为乳白色, 后变黄褐色。幼虫体长30 ~ 36毫米, 扁平淡黄白色, 无足; 前胸最宽大, 中、后胸窄而短; 前胸背板和腹板中部有淡褐色圆形的骨化区。蛹长15 ~ 20毫米, 纺锤形略扁平, 初为乳白色, 后渐变绿再变紫红, 有金属光泽。

发生规律: 华北地区2年发生1代, 以各龄幼虫于蛀道内越冬, 故发生期不整齐。寄主萌芽时开始继续为害, 3月下旬开始化蛹, 蛹期约30天。成虫发生期为5—8月, 成虫白天活动, 高温时更加活跃, 受惊扰即飞行, 早晚低温时受惊扰会假死落地。成虫寿命30 ~ 50天, 羽化后10天开始产卵, 多散产于枝干缝隙和伤口处, 每头雌成虫可产卵20 ~ 100粒。6月上旬为孵化盛期, 初孵幼虫先在绿皮层蛀食, 几天后被害处周围颜色变深, 逐渐深入至形成层, 进行螺旋形蛀食, 枝干被环蛀一周后常枯死。8月以后可蛀食到木质部, 秋后于蛀道内越冬。一般土壤瘠薄、管理粗放、树势衰弱、伤口多的树木受害重。

防治措施: ①消灭越冬虫源。成虫羽化前及时清除死树、枯枝, 消灭其内虫体, 减少越冬虫源。②人工捕杀。在成虫发生期, 于清晨振落捕杀成虫, 树下铺塑料薄膜便于集中收集, 隔3 ~ 5天振荡1次。③药剂防治。在成虫羽化初期, 枝干上涂刷2.5%高效氯氟氰菊酯微囊悬浮剂200 ~ 300

倍液，隔15天涂1次，连涂2～3次；成虫出树后产卵前，在树上喷洒2.5%高效氯氟氰菊酯乳油1 000～1 500倍液或20%氰戊菊酯乳油2 000倍液，隔15天喷1次，喷2～3次。

朝鲜球坚蚧

朝鲜球坚蚧（*Didesmococcus koreanus* Borchsenius），俗名杏虱子、朝鲜毛球蚧等，属同翅目蚧科，主要为害桃、杏、李、苹果、海棠、榆叶梅等。

为害状：以若虫和雌成虫群集固着在枝干上吸食汁液，排泄蜜露诱发煤污病，导致树势衰弱，严重者枝条干枯，最后树木整株死亡。

识别特征：雌成虫半球状，体长约4.5毫米，宽约4毫米，高约3.5毫米；背面向上隆起，前侧面下部凹入，雌成虫无翅，介壳红褐色至黑褐色，半球状，介壳表面有纵裂凹陷的小刻点，腹面淡红色，与

朝鲜球坚蚧为害苹果枝干

枝条接触处有白色蜡粉；雄成虫长扁圆状，体长1.8毫米，介壳白色。卵为椭圆形，长约0.3毫米，初为白色，后渐变为粉红色，卵壳表面有一层白色蜡粉，后变橙黄色。初孵若虫扁椭圆形，体长约0.5毫米，淡粉红色；越冬后的若虫为淡褐色。

朝鲜球坚蚧雌成虫

朝鲜球坚蚧卵

发生规律：朝鲜球坚蚧1年发生1代，以二龄若虫在枝条上越冬。翌年3月中旬从蜡壳下爬出转移至枝条，进行雌雄分化。3月下旬再次蜕皮，体背膨大成球状。雄成虫4月上旬分泌白色蜡质形成介壳，在里面蜕皮化蛹，4月中旬羽化。4月下旬到5月上旬雌雄交配，5月上旬雌成虫产卵，5月中旬开始孵化，初孵幼虫从母体臀裂处爬出，寄生于枝条裂缝和枝条基部叶痕处。固定后身体开始发育并分泌白色蜡丝覆盖虫体，6月中旬蜡丝熔化成白色蜡层，包在虫体周围，直到越冬前蜕皮。10月中旬后，二龄若虫于蜡被下越冬。

防治措施：①消灭越冬虫源。休眠季刮除老翘皮，剪除带虫枝条，消灭越冬虫源。将生石灰∶石硫合剂∶水按10∶3∶30的比例配制，进行树干涂白；或在春季芽萌发期，全园喷施5波美度石硫合剂。②保护利用天敌。果园内朝鲜球坚蚧的天敌有黑缘红瓢虫、球蚧花翅跳小蜂等，注意保护天敌，少用或不用广谱性杀虫剂，喷药防治时注意避开天敌大量取食朝鲜球坚蚧时期。③药剂防治。在5月中下旬若虫孵化盛期、6月上旬若虫蜡层尚未完全包裹虫体时期，选用22.4%螺虫乙酯悬浮剂3 000倍液或5波美度石硫合剂进行喷雾防治。

2.叶片虫害

绣线菊蚜

绣线菊蚜（*Aphis citricola* Van der Goot）又名苹果黄蚜，属于半翅目蚜虫科，寄主有苹果、沙果、海棠、木瓜等，是我国苹果上的主要害虫之一。绣线菊蚜以刺吸式口器为害叶片和果实，常造成落叶和煤污病，严重影响苹果的产量和品质。

为害状：绣线菊蚜主要以若蚜、成蚜群集于寄主嫩梢及嫩叶背面，刺吸汁液为害，受害叶片常出现褪绿斑点，向背面横向卷曲，影响新梢生长及树体发育、花芽分化，严重时果树树势衰弱，甚至停止生长，苗圃和幼龄果树受害相对严重；该蚜还可为害果实，严重时布满幼果表面，影响果实的正常生长发育。此外，绣线菊蚜还能在果树的叶片上分泌蜜露，不仅对树体的光合作用和呼吸作用造成一定影响，还会引起果树煤污病。

识别特征：无翅孤雌胎生蚜体长1.6～1.7毫米，体近纺锤形，呈黄、黄绿或绿色；复眼、口器、腹管和尾片均为黑色，触角显著比体短；腹管圆柱形向末端渐细，体两侧有明显的乳头状突起。有翅孤雌胎生蚜体长1.5～1.7毫米，翅展约4.5毫米，体近似纺锤形，头、胸、腹管、尾片均为黑色，腹部绿、浅绿或黄绿色，复眼暗红色；触角丝状6节，较体短；体两侧有黑斑，并具明显的乳头状突起。卵为椭圆形，长约0.5毫米左右，初产浅黄色，渐变为黄褐、暗绿色，孵化前漆黑色，有光泽。若虫为鲜黄色，无翅若蚜腹部较肥大，腹管短；有翅若蚜胸部发达，具翅芽，腹部正常。

绣线菊蚜在叶背聚集为害

绣线菊蚜为害果实

绣线菊蚜为害嫩梢

发生规律：绣线菊蚜无寄主转移现象，属留守性蚜虫，其为害程度受气候的影响较大，气温较高和新梢生长快等情况，有利于绣线菊蚜的生长

无翅雌蚜及若虫　　　　　　　　　　　有翅雌蚜及若虫

繁殖。在山东苹果产区绣线菊蚜1年发生15～18代，主要以卵在枝条芽缝或裂皮缝隙内越冬。翌年春季寄主萌芽时卵孵化为干母，并群集于新芽、嫩梢、新叶的背面为害，其后代为干雌。干雌产生有翅和无翅胎生蚜，有翅胎生蚜可转移扩散。初期繁殖较慢，产生的多为无翅孤雌胎生蚜，5月中旬可见有翅孤雌蚜，5月下旬至6月上旬繁殖速度明显加快，虫口密度明显增大，在枝梢、叶背、嫩芽上群集为害，7—8月温度较高时，虫口密度明显下降，至10月开始产生雌、雄两性蚜，交尾后，在枝条芽缝或裂皮缝隙里产卵越冬。

　　防治措施：①消灭越冬虫源。苹果萌芽前后，彻底刮除老皮，剪除有蚜枝条，集中销毁；发芽前结合其他害虫防治，可喷施5波美度石硫合剂，清除越冬蚜虫；结合夏剪，及时剪除被害枝条，集中销毁。②保护天敌。绣线菊蚜的天敌有草蛉、瓢虫等数十种，要注意保护利用。③生长期药剂防治。苹果萌芽时（越冬卵开始孵化期）和5—6月果园产生有翅蚜时，喷施48%噻虫啉悬浮剂8 000倍液、22%螺虫乙酯·噻虫啉悬浮剂4 000倍液、4.9%双丙环虫酯可分散液剂10 000倍液和22%氟啶虫胺腈悬浮剂8 000倍液，可有效防治绣线菊蚜。

苹果瘤蚜

　　苹果瘤蚜（*Myzus malisuctus* Matsumura）别名为苹瘤额蚜、苹果卷叶蚜，属同翅目蚜科，主要寄主有苹果、沙果、海棠、梨、山荆子等，广泛分布于我国东北、华北、华中、华东等地区。

为害状：苹果瘤蚜成虫和若虫群集为害新梢、嫩芽、叶片和幼果。被害叶片正面凹凸不平，叶片从边缘向叶背纵卷，严重者呈绳状，常出现红斑，随后变为黑褐色，干枯死亡；幼果被害后，果面出现许多略凹陷而形状不规则的红斑；受害严重的新梢叶片全部卷缩，枝梢细弱，逐渐枯死，影响果实生长发育和着色。

苹果瘤蚜为害叶片

受苹果瘤蚜为害叶片呈绳状并出现红斑

苹果瘤蚜为害叶片使叶缘变为黑褐色

识别特征：无翅胎生蚜体长1.4 ~ 1.6毫米，近纺锤形，体暗绿色或褐绿色；头淡黑色，具有明显的额瘤，复眼暗红色；触角比体短，腹管长圆筒形，末端稍细，腹管和尾片均为黑褐色。有翅胎生蚜体长1.5毫米左右，卵圆形；头胸部暗褐色，具明显的额瘤；腹部暗绿色，背面腹管以前各节有黑色横

无翅胎生蚜及若蚜

纹；腹管长圆筒形；翅透明。卵为长椭圆形，黑绿色且有光泽，长约0.5毫米。若虫体小，似无翅蚜，体淡绿色；有的个体胸背上具有1对暗色的翅芽，此型称翅基蚜，以后会发育成有翅蚜。

发生规律：苹果瘤蚜1年发生10余代，以卵在1年生枝条芽缝处及剪锯口等处越冬。翌年春季果树发芽至展叶期，越冬卵孵化，初孵幼蚜群集在芽或嫩叶上为害，经10天左右产生无翅胎生雌蚜，并有少数有翅胎生雌蚜。春季至秋季均可孤雌生殖，5—6月为害最重，盛期在6月中下旬。10—11月出现有性蚜，交尾后产卵，以卵越冬。

防治措施：①消灭越冬虫源。结合春季修剪，剪除被害枝梢，杀灭越冬卵；在苹果落叶后，剪除受害枝，减少虫卵数量。②色板诱捕。根据蚜虫对黄色的趋性，可利用黄板进行诱捕防治。③保护利用天敌。苹果瘤蚜的捕食性天敌有瓢虫（如七星瓢虫、龟纹瓢虫、异色瓢虫等）、草蛉、食蚜蝇、花蝽；寄生性天敌有蚜茧蜂、蚜小蜂等，对抑制蚜虫有很好的作用。④药剂防治。重点抓好蚜虫越冬卵孵化期的防治，在苹果萌芽至展叶期喷药。均匀喷施10%吡虫啉可湿性粉剂5 000倍液、3%啶虫脒乳油2 000倍液、0.8%苦参碱·内酯水剂800～1 000倍液或25%噻虫嗪水分散粒剂8 000倍液等。

大青叶蝉

大青叶蝉（*Cicadella viridis*）又名大绿浮尘子、青叶跳蝉，隶属于同翅目叶蝉科大叶蝉亚科。该虫分布范围较广，可为害苹果、桃、海棠及山杏等160多种植物，同时在为害过程中还会传播一些病毒，是为害果树、林木，尤其是苗木和幼树的重要害虫之一。

为害状：大青叶蝉以成虫和若虫刺吸寄主植物嫩绿的枝梢、茎叶汁液，受害叶片呈现黄白色斑点，严重时叶片褪色、畸形、卷缩，同时影响翌年花芽分化和树体生长。此外，雌成虫产卵时用产卵器割开寄主表皮而形成白色肾形产卵孔，受害严重的枝条和幼树易失水抽

大青叶蝉成虫为害苹果嫩叶

条、受冻，最终导致整树干枯死亡。

识别特征：成虫体长7.2～10.1毫米，雄虫个体小于雌虫；前胸背板淡黄绿色；后半部深青绿色；前翅绿色带有青蓝色泽，前缘淡白，端部透明，翅脉为青黄色，具有狭窄的淡黑色边缘；后翅烟黑色，半透明。卵为乳白色，微黄，长卵圆形，长2毫米，中间微弯曲，一端稍细，表面光滑。若虫初孵化时为白色，微带黄绿，体色渐变为淡黄、浅灰或灰黑色；三龄后出现翅芽；老熟若虫体长6～7毫米，头冠部有2个黑斑，胸背及两侧有4条褐色纵纹直达腹端。

大青叶蝉成虫

大青叶蝉幼虫蜕皮

发生规律：1年发生3～4代，以卵在幼树主干和树木嫩枝皮层内的月牙形产卵痕中越冬。翌年4月下旬卵开始孵化，初孵若虫常喜群聚取食。不同时期大青叶蝉为害对象不同，一代大青叶蝉主要在果树周边的禾本科植物和杂草上进行取食繁殖，二代成虫主要在牧草和秋菜地取食，三代成虫于9—10月转移到苗圃林及果园产卵越冬。夏秋季卵期9～15天，越冬卵期长达5个月以上。果园间作白菜、萝卜和薯类等多汁作物或杂草丛生时，易吸引大青叶蝉，果树受害严重。大青叶蝉的为害程度和树龄也有一定关系，幼龄果树受害重，老龄果树受害轻。

防治措施：①消灭越冬虫源。在10月上中旬成虫迁至果园产卵前，进行幼树涂白，阻止成虫产卵。②灯光诱杀。采用频振式杀虫灯诱杀成虫，利用成虫的趋光性，在夜间灯光诱杀成虫，每2公顷设1盏灯，挂在高于树顶0.5～1.0米处，隔几天收集1次虫体后集中销毁。③保护利用天敌。大青叶蝉的主要天敌有异色瓢虫、七星瓢虫、龟纹瓢虫、大草蛉等。④药剂防治。幼龄果园可在10月上旬，当雌成虫转移至树上产卵时，及时喷药防治，7～10天喷药1次，连喷2～3次，防治药剂可选用10%氯氰菊酯乳油2 000倍液、20%啶虫脒乳油2 000倍液或22%氟啶虫胺腈水分散粒剂3 500倍液等。

苹小卷叶蛾

苹小卷叶蛾（*Adoxophyes orana* Fisher von Roslerstamm），别名苹卷蛾、刮皮虫等，属鳞翅目卷蛾科，主要为害苹果，也为害梨、桃、杏、李、樱桃等。在我国主要分布于东北、华北、华中、西北、西南等地区。

为害状：越冬幼虫出蛰后，爬到叶、花芽基部吐丝缀连成一个薄丝室，取食时爬出丝室，为害幼芽、花蕾、嫩叶。叶片形成后，幼虫在新梢顶端将叶片缠缀在一起形成虫苞，潜居其中取食叶肉，也啃食幼果。苹小卷叶蛾有转移为害的习性，幼虫较活跃，遇凉后虫体剧烈扭动，吐丝下坠。幼虫老熟后在卷叶内化蛹。结果后，幼虫将接近果实的叶片缀贴在果面上，在叶下啃食果皮果肉，果实上呈不规则虫疤。

苹小卷叶蛾为害叶片形成薄丝室

苹小卷叶蛾为害叶片形成薄丝室（薄丝室打开）

苹小卷叶蛾为害叶片形成虫苞

苹小卷叶蛾幼虫化蛹　　　　　　　苹小卷叶蛾茧壳

识别特征：成虫体长6～8毫米，翅展16～21毫米，体黄褐色；前翅由淡棕色到深黄色，后翅灰褐色，缘毛灰黄色。老熟幼虫体长17毫米左右，身体细长，淡黄绿色或翠绿色，臀栉6～8齿。蛹体长9～10毫米，黄褐色，体较细长。卵为扁平椭圆形，淡黄色，半透明，数十粒排成鱼鳞状卵块。

发生规律：苹小卷叶蛾1年发生3～4代。以低龄幼虫在老树皮

苹小卷叶蛾为害苹果叶片和果实

苹小卷叶蛾成虫

苹小卷叶蛾低龄幼虫（黄绿色）

缝、粗翘皮下、剪锯口周缘裂缝中结白色薄茧越冬。翌年苹果树萌芽后出蛰，金冠盛花期为出蛰盛期。低龄幼虫吐丝缠结幼芽、嫩叶和花蕾为害，稍大后则卷叶为害，老熟幼虫在卷叶中结茧化蛹。蛹期6～9天，蛾期3～5天，蛹羽化为成虫后1～2天便可产卵。每头雌蛾可产卵百余粒，卵期6～8天，幼虫期15～20天。各成虫发生期为：

苹小卷叶蛾老龄幼虫（翠绿色）

越冬代为5月下旬；第一代为6月末至7月初；第二代在8月上旬；第三代在9月中旬。成虫活动时间主要在凌晨4时至早上8时，其中在凌晨4时至清晨6时活动更频繁、更活跃，有趋光性和趋化性。对果醋和糖醋都有较强的趋性。

　　防治措施：①人工防治。在果树休眠期彻底刮除树体粗皮、翘皮、剪锯口周围死皮，消灭越冬幼虫；人工摘除虫苞，苹果落花后越冬代幼虫开始为害叶片，人工摘除卷叶虫苞可降低虫口基数；利用成虫趋化性进行诱杀，在树冠下挂糖醋液（糖∶酒∶醋∶水＝5∶5∶20∶80）、果醋液、酒精或发酵豆腐水，可诱杀成虫；利用苹小卷叶蛾性诱剂，既可作监测预报又可诱杀成虫。②释放赤眼蜂。人工释放松毛虫赤眼蜂：用糖醋液或苹小卷叶蛾性诱剂诱捕器监测成虫发生期数量消长，根据监测结果，在第一代成虫发生始期每隔5 ~ 7天挂1次赤眼蜂卵卡，连续3 ~ 4次，每亩10万 ~ 12万头，卵块寄生率可达90%以上。③药剂防治。在越冬代出蛰盛期和第一代幼虫初期喷药防治，常用药剂及浓度为200克/升氯虫苯甲酰胺悬浮剂4 000 ~ 5 000倍液、2.5%高效氯氟氰菊酯水乳剂1 000 ~ 1 500倍液、25%灭幼脲悬浮剂1 000 ~ 1 500倍液、200克/升四唑虫酰胺悬浮剂10 000倍液或5%甲维盐水分散粒剂7 500倍液等。

顶梢卷叶蛾

顶梢卷叶蛾（*Spilonota lechriaspis* Meyrick）属于鳞翅目卷蛾科白小卷蛾属。该虫体型很小，用肉眼仔细观察才可看到，但是为害能力强，主要为害苹果、梨、桃等。在我国东北、华北、华中、华东及西北等果区发生普遍。近年来，苹果顶梢卷叶蛾在我国苹果产区的发生普遍性和为害严重性均超过苹小卷叶蛾。

为害状：幼虫为害新梢顶端，将叶片卷为一团，取食新芽、嫩叶和生长点，被害新梢歪在一边，影响顶花芽形成及树冠扩大。幼虫吐丝将数片嫩叶缠缀成虫苞，并啃下叶背茸毛做成筒巢，潜藏其中，仅在取食时身体露出巢外。为害后期顶梢卷叶团干枯，但不脱落。

顶梢卷叶蛾幼虫为害顶芽

顶梢卷叶蛾幼虫为害顶梢

识别特征：成虫体长6 ~ 7毫米，翅展12 ~ 15毫米，头、胸和腹部黑褐色；前翅近长方形，淡灰褐色，翅上3个深灰褐色斑纹；后缘近臀角处有近似三角形的臀角斑。两翅合拢时，2个三角形斑纹合为梭形，是其最显著

幼虫吐丝将数片嫩叶缠缀成虫苞

的特征。卵粒散产，长椭圆形，长径0.7毫米，短径0.5毫米，扁平，乳白色。老熟幼虫体长8～10毫米，体型粗短，灰白色；头、前胸背板、胸足皆为暗棕色至漆黑色；无臀栉。

发生规律：顶梢卷叶蛾在辽宁、山东、山西等地1年发生2代；在北京、江苏、安徽、河南等地1年发生3代。以二至三龄幼虫在被害枝梢的虫苞内越冬。翌年叶芽萌发后越冬幼虫开始出蛰，为害顶芽

为害后期顶梢卷叶团干枯

和侧芽，老熟幼虫在卷叶内化蛹。越冬代成虫发生期在5月中下旬至6月下旬，产卵于枝条中部叶片，以叶背最多，单粒散产，卵期4～5天。当年第一代成虫发生期在6月下旬至7月下旬，第二代成虫发生期在7月下旬至8月下旬，9月下旬以后幼虫开始越冬。成虫白天不活动，栖息在叶背或枝条上，黄昏时开始活动，对糖蜜有较强的趋性，略具趋光性。幼虫孵出后爬至顶梢，吐丝卷叶，并将叶背茸毛啃下与丝织成茧，潜藏其中，取食时爬出，食毕缩回。幼龄树较成龄树受害重。

防治措施：同苹小卷叶蛾。

金纹细蛾

金纹细蛾（*Lithocolletis ringoniella* Mats.）属鳞翅目细蛾科，主要为害苹果树，分布于中国山东、河北、河南、陕西、安徽、江苏、辽宁等苹果

产区以及日本、朝鲜、韩国等。以幼虫潜入叶片为害，是中国苹果产区重要的潜叶害虫。金纹细蛾1年发生多代，有世代重叠现象，其发生世代数因地域而异。

　　为害状：金纹细蛾以幼虫潜食叶片为主，幼虫孵化后从卵底直接钻入叶表皮内潜食叶肉，初期叶背面形成白色虫疤，叶片正面没有显著特征；随着受害表皮内幼虫虫龄增加，幼虫开始取食叶片的栅栏组织，叶片正面出现网眼状白斑，隆起呈屋脊状，叶片背面表皮鼓起皱缩，外观呈泡囊状，泡囊约有黄豆粒大小，幼虫潜伏其中，被害部位内有黑色粪便。幼虫老熟后，就在虫斑内化蛹。成虫羽化时，蛹壳一半露在表皮之外，极易识别。虫疤多集中在叶片边缘，虫害严重时，虫疤可达十余个，整个叶片皱缩，严重影响叶片正常功能，甚至导致叶片提前脱落。

金纹细蛾为害苹果叶片（幼虫从叶背表皮下蛀入）

金纹细蛾为害苹果叶片正面

金纹细蛾为害苹果叶片虫斑变褐

金纹细蛾幼虫化蛹

金纹细蛾蛹

金纹细蛾蛹羽化后的蛹壳（一半露在表皮之外）

识别特征：成虫体长约2.5毫米，体金黄色；前翅狭长，黄褐色，翅端前缘及后缘各有3条白色和褐色相间的放射状条纹；后翅尖细，有长缘毛。卵扁椭圆形，长约0.3毫米，表面光滑，淡黄色有光泽，呈半透明状。老熟幼虫体长约6毫米，扁纺锤形，黄色；初龄幼虫体扁平，头呈三角形，前胸宽，体淡黄色或白色，半透明。蛹长约4毫米，黄褐色；翅、触角、第三对足先端裸露。

金纹细蛾成虫

发生规律：在山东地区，金纹细蛾1年发生5代，以蛹在被害的落叶内过冬。翌年苹果发芽期越冬代成虫开始羽化。越冬代和第一至四代成虫发生盛期分别为：4月中旬、5月底至6月初、7月中上旬、8月中下旬和9月下旬。在第二代后，出现世代重叠，三、四代重叠现象明显。金纹细蛾的发生与田间温度和湿度密切相关，金纹细蛾在田间的最适发育温度为25～27℃，在田间的最适发育湿度为80%～100%。在适宜的温度范围内，金纹细蛾的发生量随着湿度的增加而增加，上一代成虫羽化高峰期降水量直接影响下一代金纹细蛾的发生量。

防治措施：①人工防治。秋季落叶后，彻底清扫园内落叶后集中深埋或沤肥，杀灭越冬蛹。②利用性信息素诱捕器直接诱杀成虫。利用性信息素诱捕器防治时，选用三角形诱捕器，设置诱捕器悬挂高度为离地1米左右，诱捕器施放密度为105个／公顷。③保护利用天敌。禁止使用高毒高残留农药，保护好跳小蜂、姬小蜂、瓢虫、草蛉等金纹细蛾的天敌。④药剂防治。利用每年4月下旬至6月中下旬的第一、二代幼虫发生期，喷施3%甲维盐微乳剂1 500倍液、0.3%印楝素乳油1 000倍液、25%灭幼脲悬浮剂2 000倍液或5%除虫菊素乳油2 000倍液等。

旋纹潜叶蛾

旋纹潜叶蛾（*Leucoptera malifoliella*）又称苹果潜蛾，属鳞翅目潜叶蛾科，主要为害苹果、梨、海棠等，分布在辽宁、河北、山西、山东、河南、陕西等地。

为害状：旋纹潜叶蛾初孵幼虫从卵壳下蛀入叶肉，取食叶片的栅状组织，少数从叶面蛀入为害叶片海绵组织，均不伤及表皮。幼虫潜叶为害，呈螺旋状串食叶肉，叶面可见近圆形或不规则形黑斑。幼虫老熟后从虫斑

旋纹潜叶蛾为害叶片

旋纹潜叶蛾为害叶片后期症状

旋纹潜叶蛾叶面受害状（严重时一片叶上有数个虫斑）

旋纹潜叶蛾叶背受害状

一角咬孔脱出，脱出时吐丝下垂到下部叶片或枝条上，结茧化蛹。非越冬代老熟幼虫多在叶上化蛹，越冬代幼虫多在枝干粗皮裂缝中化蛹。严重时一片叶上有数个虫斑，造成落叶，影响树势。

识别特征：成虫翅展后6～8毫米，体、足银白色，头顶具竖立白色毛丛；前翅短宽，基半部白色，近端部具橘黄色不规则斑；缘毛白色，具几条黑褐色横带。卵扁椭圆形，灰白色，背面平或略有下陷，表面具网状脊纹。老熟幼虫体长4.0～4.8毫米，淡黄绿或黄白色；头黑色，前胸背板（及腹板）中央具一个长方形的大黑斑。蛹长3.5毫米，淡褐色。

发生规律：旋纹潜叶蛾1年发生3～5代，主要以蛹在枝干树皮缝隙中、粗翘皮下或落叶上结茧越冬。翌年4月中旬至5月中旬，苹果花蕾露红时旋纹潜叶蛾开始羽化，花期为羽化盛期。成虫白天活动，夜间潜伏，有趋光性，羽化后即可交尾，次日产卵，寿命约8天左右。卵散产于叶背，7—8月卵期为5～7天，幼虫孵化后直接从卵壳下潜入叶内为害，5月上中旬始见被害叶片。幼虫老熟后爬出并吐丝下垂到下部叶片或枝条的背面结茧化蛹，羽化后继续繁殖为害。7—8月为发生为害盛期，9—10月最后一代幼虫老熟后，咬破虫斑并吐丝下垂至叶片叶脉附近或枝干裂缝、疤痕处化蛹越冬。

防治措施：①人工防治。秋季落叶后，及时清除果园落叶，刮除老树皮，可消灭部分越冬卵；结合其他病虫害防治，于越冬代老熟幼虫结茧前，在枝干上束草诱虫进入化蛹越冬，休眠期取下集中销毁。②保护利用天敌。禁止使用高毒高残留农药，保护好跳小蜂、瓢虫、草蛉等天敌。③药剂防治。抓住每年4月下旬至6月中下旬第一、二代幼虫发生期，喷施25%灭幼脲悬浮剂1 500～2 500倍液、1.8%阿维菌素乳油3 000～4 000倍液或240克/升虫螨腈悬浮剂4 000～5 000倍液等。

绿盲蝽

绿盲蝽（*Apolygus lucorum*）属半翅目盲蝽科，在我国除海南、西藏外的各省（自治区、直辖市）均有发生，在长江流域和黄河流域地区为害较重。寄主植物种类非常广泛，可为害苹果、梨、葡萄、桃、石榴、棉花、苜蓿等。

为害状：绿盲蝽以成虫、若虫的刺吸式口器为害，幼芽、嫩叶、花蕾及幼果等是其主要为害部位。幼叶受害后，先出现红褐色或散生的黑色斑点，斑点随叶片生长变成不规则孔洞，俗称"破叶疯"。花瓣受害后，出现褐色的

绿盲蝽为害苹果叶片出现红褐色斑点

绿盲蝽为害苹果叶片后形成不规则孔洞

绿盲蝽为害苹果果实后出现黑褐色水渍状斑点

绿盲蝽为害苹果果实致果面木栓化

针刺状小点，导致开花不齐，影响坐果。幼果被害后，先出现黑褐色水渍状斑点，然后果面木栓化甚至僵化脱落，严重影响果实的产量和质量。

识别特征：成虫体长4.5～5.5毫米，绿色或黄绿色，密被短毛；头部三角形，黄绿色，复眼灰黑色突出，无单眼；触角丝状，共4节，较短，约为体长的2/3，第二节长等于三、四节之和；前胸背板深绿色，前缘宽；小盾片三角形，微突，黄绿色，中央具浅纵纹；足黄绿色，后足腿节末端具褐色环斑，

绿盲蝽成虫

跗节3节，末端黑色。卵长1毫米，黄绿色，长口袋形，卵盖奶黄色，中央凹陷，两端突起。若虫共5龄，第五龄与成虫相似；初孵时为绿色，复眼桃红色；二龄黄褐色，三龄出现翅芽，四龄翅芽超过第一腹节，五龄后全体鲜绿色。

绿盲蝽成虫触角丝状

绿盲蝽一龄若虫

绿盲蝽二龄若虫

绿盲蝽三龄若虫

绿盲蝽四龄若虫

绿盲蝽五龄若虫

发生规律：在北方苹果产区，绿盲蝽1年发生3～5代。以卵在果树残桩、鳞芽、枯枝、落叶以及杂草上越冬。翌年4月中下旬越冬卵开始孵化，4月下旬至5月上旬为孵化高峰期，尤其是在降雨后。越冬卵的孵化期为20天左右。绿盲蝽越冬代虫态（第一代）整齐，后期世代重叠；第二代成虫于6月中下旬达到高峰，随着果树幼嫩组织的减少，开始向果园外的大田、杂草上转移扩散；第三、四代若虫主要在大田为害，8月中旬陆续迁回果园，第五代若虫于9月下旬开始在果园产卵越冬，整个产卵期40天左右。

防治措施：①加强栽培管理。果园周围避免种植棉花、苜蓿等作物，在冬春季绿盲蝽越冬卵孵化前，及时清理周边杂草和园内枯枝落叶，刮除老树皮并涂白保护；改善果园通风透光条件，避免郁闭潮湿，多雨季节注意开沟排水，及时降低园内湿度。②物理防治。利用绿盲蝽对黄色的趋性，通过悬挂黄色粘虫板进行捕捉；早春果树萌芽前，在树干分枝下5～10厘米处绑扎诱虫带阻止地面孵化的绿盲蝽若虫上树。③生物防治。保护利用天敌，绿盲蝽的天敌有草蛉、寄生蜂、捕食性蜘蛛等。④性信息素诱捕防控成虫。在田间悬挂绿盲蝽性诱捕器，诱杀绿盲蝽成虫，减少果园内成虫基数，将绿盲蝽性信息素及配套诱捕器以Z形分布于果园中，每亩悬挂5个，悬挂于树干阴面株高2/3处，1个月更换一次诱芯。⑤药剂防治。萌芽前在果园内使用3～5波美度石硫合剂，对植株主茎、树缝、枝杈和地面杂草全面喷施；萌芽至花期，可使用25%噻虫嗪水分散粒剂4 000～5 000倍液、40%啶虫脒水分散粒剂5 000～8 000倍液或22%氟啶虫胺腈悬浮剂1 000～1 500倍液进行防治，间隔7～10天再喷施1次，后期可结合监测情况，在出现成虫高峰后进行防治。7—8月也要对周边杂草及地面喷施药剂，注意药剂的轮换使用和安全间隔期。

苜蓿盲蝽

苜蓿盲蝽（*Adelphocoris lineolatus*）属半翅目盲蝽科，在我国主要分布于新疆、甘肃、河北、山东、江苏、浙江、江西、湖南北部以及东北地区。

为害状：苜蓿盲蝽主要以成虫、若虫的刺吸式口器为害，主要对苹果嫩叶进行为害，为害时吸取嫩叶营养和水分，在叶片上形成白色或灰白色斑点，后期白色斑点变褐色或黑色，且斑点随叶片生长变成不规则孔洞。

苜蓿盲蝽成虫为害状（早期）　　　　苜蓿盲蝽成虫为害状（后期）

识别特征：成虫体长7.5～9毫米，黄褐色，触角细长呈丝状，前胸背板胝区隆突，黑褐色；前翅黄褐色，前缘具黑边；足细长，腿节有黑点。卵长1.3毫米，浅黄色，香蕉形，卵盖有个指状突起。若虫黄绿色，具黑毛，眼紫色，翅芽超过腹部第三节，腺囊口"八"字形。

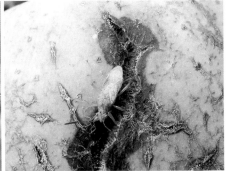

苜蓿盲蝽成虫

发生规律：1年发生3～4代，越冬卵4月上旬孵出第一代若虫，成虫于5月上旬开始羽化。第二代若虫于6月上旬出现，成虫6月下旬开始羽化，第三代若虫7月下旬孵出，于10月中旬全部结束，第三代成虫8月中下旬羽化，9月中旬成虫在越冬寄主上产卵越冬。

防治措施：①消灭越冬虫源。控制苜蓿盲蝽越冬虫口基数，在苹果收获后，及时清理田间残留秸秆及周边杂草，减少其越冬场所。②药剂防治。在5月中下旬苜蓿盲蝽一代若虫和成虫出现时，及时采用药剂防控，以预防为主，治疗为辅，将苜蓿盲蝽的若虫和幼虫在萌芽状态消灭。防控药剂主要有5%高效氰戊菊酯1 500 ~ 2 000 倍液、2.5%氯氟氰菊酯2 000 倍液和22%氟啶虫胺腈悬浮剂1 000 ~ 1 500倍液等。

梨冠网蝽

梨冠网蝽（*Stephanitis nashi* Esaki et Takeya）又名梨网蝽、梨军配虫，属半翅目网蝽科，主要为害苹果树叶片，以成虫和若虫在叶片背面刺吸汁液为害。此外，还可为害梨、海棠、山楂、桃、李、杏、樱桃等多种果树。梨冠网蝽在我国东部和中部苹果产区均有分布。

为害状：梨冠网蝽主要以成虫、若虫在叶背面叶脉两侧为害，取食汁液后，被害叶背呈现许多黑褐色小斑点，梨冠网蝽的分泌物和排泄物可使叶背呈现黄褐色锈斑，引起煤污。叶正面初期产生黄白色小斑点，虫量大时斑点扩大连片，导致叶片苍白，局部发黄，影响光合作用，严重时叶片变褐，甚至全叶枯黄，容易脱落。

梨冠网蝽为害状（苹果叶片背面呈现许多黑褐色小斑点） 梨冠网蝽为害状（苹果叶片正面形成黄白色斑点）

识别特征：成虫体长仅3.0 ~ 3.5毫米，灰白色，头棕褐色，前胸背板具网纹，侧背板呈翼状扩展，前部形成囊状头兜，覆盖头部后面，前翅膜质透明，具网纹。卵为长椭圆形，长0.6毫米，稍弯，初为淡绿色后逐渐变为淡黄色。若虫暗褐色，身体扁平，体缘具黄褐色刺状突起。

发生规律：梨冠网蝽在华北地区1年发生3 ~ 4代，在黄河故道地区1年发生 4 ~ 5代，以成虫在枯枝落叶、翘皮缝、杂草及土石缝中越冬。翌年4月上旬开始出蛰，7—9月是为害盛期，10月中旬后成虫陆续寻找适宜场所越冬。

　　防治措施：① 清洁果园。在苹果收获后，及时清理田间残留秸秆及周边杂草，消灭其越冬场所，可有效减少越冬虫数。于春季越冬成虫出蛰活动前，喷施 3 ~ 5 波美度石硫合剂或 45%石硫合剂结晶 40 ~ 60 倍液，消灭越冬成虫。

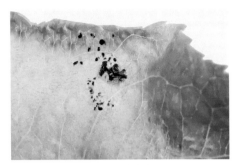

梨冠网蝽成虫

② 释放赤眼蜂。人工释放松毛虫赤眼蜂：用糖醋液或梨冠网蝽性诱剂诱捕器监测成虫发生期数量消长动态。根据监测结果，在第一代成虫发生始期每隔 6 天挂 1 次赤眼蜂卵卡，连续 3 ~ 4 次，每亩 10 万 ~ 12 万头，卵块寄生率可达 90%以上。③ 药剂防治。在越冬代出蛰盛期和第一代幼虫初期喷药防治，常用药剂及浓度：2.5%高效氯氟氰菊酯水乳剂 1 000 ~ 1 500 倍液，25%灭幼脲悬浮剂 1 000 ~ 1 500 倍液，5%甲维盐水分散粒剂 7 500 倍液等。

苹果全爪螨

　　苹果全爪螨（*Panonychus ulmi*）属蜱螨目叶螨科，是苹果叶螨的重要种类之一，我国大部分苹果产区都有发生，尤以北方地区发生严重。其主要寄主有苹果、梨、桃、杏、山楂、海棠、樱桃等，其中以苹果受害最为严重。

　　为害状：成虫和若虫多在叶片正面刺吸叶液，叶片受害初期出现褪绿斑点，后呈黄白色；严重时，叶片呈现黄褐色，但不造成落叶。嫩芽受害时，导致嫩叶扭曲、畸形，甚至不能展叶开花，严重时整芽枯死。

　　识别特征：雌螨体长约 0.4 毫米，半卵圆形，暗红色或绿褐色；雄螨体较小，菱形，暗橘红色。卵扁圆形，冬卵深红色，夏卵橘红色。幼螨具足 3 对，体色多为浅黄、

苹果全爪螨为害叶片出现黄白色小斑点

苹果全爪螨及卵（橘红色）

橘红或深绿色；若螨具足4对，体色较深。

发生规律：苹果全爪螨在黄河流域苹果主产区每年发生6～9代，以卵在短果枝、果台基部、芽周围或2～3年生枝条的交界处越冬。越冬卵的孵化与苹果物候期有较强的相关性，翌年春季苹果展叶时，越冬卵开始孵化，孵化期比较整齐。成螨既能两性生殖，也能孤雌繁殖，完成1代平均需10～14天。苹果全爪螨自第二代以后世代重叠现象严重，7—8月是全年为害最重的时期，8月下旬至9月上旬出现越冬卵。

防治措施：①消灭越冬虫源。苹果休眠期刮除老皮，重点是刮除主枝分杈以上的老皮；发芽前结合其他害虫防治，可喷洒5波美度石硫合剂或45％石硫合剂结晶20倍液，以降低越冬卵基数。②保护和释放天敌。叶螨的天敌有瓢虫、肉食蓟马、小花蝽、草蛉、捕食螨等，对抑制叶螨有重要作用。但天敌抗药性较差，一般全杀性药剂（如有机磷、菊酯类）易使其遭到杀害，应采取综合防治的方法，尽量提早防治，避开天敌大发生时用药，以便发挥天敌抑制害虫的作用，保持自然生态平衡。③药剂防治。根据物候期，在苹果花前、花后和麦收前后3个关键期进行喷雾防治。常用药剂及浓度为30％哒螨灵悬浮剂2 000倍液、1.8％阿维菌素乳油5 000倍液、45％联肼·乙螨唑悬浮剂2 500倍、30％腈吡螨酯悬浮剂3 000～5 000倍液、20％丁氟螨酯悬浮剂1 500～2 000倍液、110克/升乙螨唑悬浮剂5 000～6 000倍液和240克/升螺螨酯悬浮剂3 000～4 000倍液等。

山楂叶螨

山楂叶螨（*Tetrancychus vienensis* Zacher）隶属于蜱螨目叶螨科，俗称山楂红蜘蛛，是为害仁果类和核果类果树的重要害螨，其寄主植物非常广泛，包括苹果、桃、梨、樱桃、山楂等，以蔷薇科果树受害最重。山楂叶螨是我国落叶果树的主要害螨之一，在我国北方果园为害尤为严重，为果园生产中的优势害螨之一。

山楂叶螨为害状

为害状：以幼螨、若螨和成螨为害叶片。常群集在叶片背面的叶脉两侧，并吐丝拉网，在网下刺吸叶片的汁液。被害叶片出现失绿斑点，甚至变成黄褐色或红褐色，光合作用降低，严重者枯焦，似火烧状，提前落叶。

识别特征：雌成螨卵圆形，体长0.54～0.59毫米，冬型鲜红色，夏型暗红色；雄成螨体长0.35～0.45毫米，体末端尖削，为橙黄色。卵为圆球状，春季产卵呈橙黄色，夏季产卵呈黄白色。初孵幼螨体圆形，黄白色，取食后为淡绿色，具足3对。若螨具4对足，前期若螨体背开始出现刚毛，两侧有明显墨绿色斑，后期若螨体较大，体形似成螨。

山楂叶螨成虫及卵（黄白色）

山楂叶螨若螨

发生规律：山楂叶螨一般1年发生6～9代，以受精雌成螨和若螨在翘皮、树皮裂缝以及靠近树干基部3厘米处的土缝中群集越冬，有时还可以在杂草、枯枝落叶或石块下越冬。翌年春季4月上旬，花芽萌动时越冬雌虫出蛰，并上树为害，4月中旬为出蛰盛期；6月中下旬为繁殖高峰期，7月下旬到8月上旬，害螨数量逐渐下降，9月下旬进入越冬期。山楂叶螨生殖方式为兼性孤雌生殖，且世代周期短，繁殖速度快，容易暴发成灾。同时，夏季天气高温干旱少雨时，有利于山楂叶螨的暴发。

　　防治措施：①消灭越冬虫源。同苹果红蜘蛛。②保护和释放天敌。5月下旬至6月中旬，根据山楂叶螨螨口基数，以1：（36～64）的益害比，释放西方盲走螨雌成螨，能较好地控制害螨为害；在山楂叶螨幼、若螨期，将长×宽为10厘米×4厘米的草蛉卵卡（每张卵卡上有20～50粒卵）用大头针固定在叶螨量多的叶片背面，待幼虫孵化后自行取食，施放2～3次。另外，为了保护果园中的草蛉，要适当间作一些蜜源植物，如在苹果树行间种植紫花苜蓿等。③药剂防治。根据物候期，抓住苹果花前、花后和麦收前后3个关键期进行喷雾防治。常用药剂及浓度为1.8%阿维菌素乳油5 000倍液、30%腈吡螨酯悬浮剂3 000～5 000倍液、20%丁氟螨酯悬浮剂1 500～2 000倍液、110克/升乙螨唑悬浮剂5 000～6 000倍液和240克/升螺螨酯悬浮剂3 000～4 000倍液等。

二斑叶螨

　　二斑叶螨（*Tetranychus urticae* Koch）又名二点叶螨、白蜘蛛，属蜱螨目叶螨科，是果园、温室蔬菜、栽培花卉、粮食上的主要害虫，在全国各地均有分布。二斑叶螨繁殖能力强，世代周期短，对药剂极易产生抗药性，能凭借风力、水力、交通工具以及苗木花草携带传播，自20世纪90年代由日本传入我国后，为害极其严重，给我国农业生产造成巨大的经济损失。

　　为害状：二斑叶螨以若螨和成螨群聚于叶片背面的主脉两侧，通过分

二斑叶螨在叶面薄层白色丝网

泌唾液的口针刺穿叶片吸取汁液。
二斑叶螨为害初期，受害叶片先在
靠近叶柄主脉的两侧出现小斑点，
随着为害加重，叶片斑点从灰白色
变成黄色，最后变成青铜色，严重
时叶片呈现皱缩焦枯状态，甚至叶
片提早脱落，导致植株死亡。当虫
口密度过大时，在叶面结薄层白色
丝网，或在新梢顶端聚成"虫球"，
甚至细丝还可在株间搭接，害螨顺
丝爬行扩散。

二斑叶螨为害状

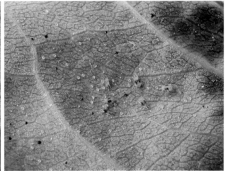

二斑叶螨成虫及卵（乳白色）

　　识别特征：雌螨体长0.42～0.59毫米，椭圆形；非滞育型体绿色或
黄绿色，背面两侧有暗色斑；滞育型体色为橙黄色或橘红色，背面两侧的
暗色斑消失；雄螨体长0.26～0.40毫米，近卵圆形，前端近圆形，腹末较
尖，多呈绿色。卵为圆形，长0.12～0.14毫米，初产为乳白色，渐变橙黄
色，近孵化时可见2个红色眼点。幼螨半球状，体长0.15～0.21毫米，淡
黄色或黄绿色，具足3对。若螨近卵圆形，具足4对，色变深，体背出现
色斑。

　　发生规律：二斑叶螨一般以橙黄色滞育型雌成螨在树干翘皮、粗皮缝
隙内、根颈处或果树根际周围土缝及落叶杂草下群集越冬。翌年3月下旬，

苹果芽萌动时开始出蛰，4月中旬为出蛰盛期。二斑叶螨出蛰后，先在树冠内部叶片取食为害，后逐步向外围扩散，同时开始产卵。5月上旬为第一代卵孵化盛期。4—5月因气温较低，一般繁殖较慢，不会严重为害。5月下旬至6月初，气温逐渐升高，繁殖、扩散加快。6—8月若遇干旱，则会大量暴发，是全年为害高峰期。此期间如果降雨频繁，田间湿度在80%以上，能明显抑制二斑叶螨为害。9月随气温下降，成螨逐渐减少。10月上中旬出现越冬型成螨。

防治措施：①消灭越冬虫源。及时清除果园及周围杂草，消灭其上的虫体，可减少迁移到树体上的螨虫数量。②保护利用天敌。以虫治螨：二斑叶螨天敌有30多种，如深点食螨瓢虫，在幼虫期每头可捕食二斑叶螨200～800头，其他还有食螨瓢虫、草蛉、塔六点蓟马、盲蝽等。以螨治螨：保护和利用与二斑叶螨几乎同时出蛰的小枕异绒螨、拟长毛钝绥螨、东方钝绥螨、芬兰钝绥螨等捕食螨。以菌治螨：藻菌对二斑叶螨的致死率为80%～85%，白僵菌对二斑叶螨的致死率为85.9%～100%，与农药混用可显著提高杀螨率。③药剂防治。防治二斑叶螨效果好的药剂有1.8%阿维菌素乳油3 000倍液、5%唑螨酯悬浮剂2 000倍液、20%阿维·螺螨酯悬浮剂2 000倍液、43%联苯肼酯2 000～3 000倍液和30%腈吡螨酯悬浮剂3 000～5 000倍液等。对历年防治较差、虫害发生较重的园区，一定要喷好开花和麦收前后2遍药，生草果园喷药时最好对果园中的杂草一同喷药，消灭防治死角。药剂防治时，药液中最好加入展着剂和渗透剂来提高药效，喷药必须仔细、周到，叶背面一定要喷到，并注意与其他药剂轮换使用，以延缓抗药性的产生。

苹毛丽金龟

苹毛丽金龟（*Proagopertha lucidula* Faldermann）又称苹毛金龟子，属鞘翅目丽金龟科，是北方果树花期主要害虫，可为害多种果树及经济林木，在全国各地均有分布。

为害状：以成虫取食花蕾、花芽、嫩叶，为害初期，在嫩叶或花蕾上形成黑褐色斑点或斑块，为害后期，在叶片上形成缺刻，严重时将花或梢端的嫩叶全部吃光以后才转移为害。幼虫7月底老熟后，在土下为害幼根。

苹毛丽金龟为害状

识别特征：成虫体卵圆形，长约10毫米；鞘翅为茶褐色，有光泽，鞘翅上有9列刻点，从鞘翅上可见翅折叠成V形。卵椭圆形，乳白色；临近孵化时，表面失去光泽，变为米黄色，顶端透明。幼虫体长约15毫米，头部为黄褐色，胸腹部为乳白色。蛹长12.5～13.8毫米，裸蛹，呈深红褐色。

发生规律：1年发生1代，以成虫在背风向阳有杂草或小灌木的

苹毛丽金龟成虫

苹毛丽金龟低龄幼虫　　　　　苹毛丽金龟老龄幼虫

苗圃的疏松沙壤土内越冬。4月下旬始见成虫，5月中旬为产卵盛期，5月下旬卵开始孵化，6月进入幼虫阶段，8月进入蛹期，9月上旬开始羽化，成虫羽化后当年不出土，即于蛹室内越冬直至翌年4月下旬出土活动。

黑光灯诱杀苹毛丽金龟

黑光灯诱杀效果

防治措施：①人工捕杀。苹毛丽金龟有假死性，可于清早敲击树干将其振落后捕杀。②灯光诱杀。苹毛丽金龟成虫有趋光性，可用黑光灯诱杀。③水坑诱杀。苹毛丽金龟成虫发生期间，在果树行间挖1个长80厘米、宽60厘米、深30厘米的坑，坑内铺上完整无漏水的塑料布，坑内倒满清水，每亩挖6～8个同样无渗水的坑。夜间坑内水面因光反射较为明亮，苹毛丽金龟纷纷飞入水坑中，第二天清晨可将其捕杀。④药剂防控。发生量较大时，在开花前2～3天喷施48%毒死蜱乳油2 000倍液、50%马拉硫磷乳油1 000倍液或75%辛硫磷乳油1 000倍液，以消灭树上成虫。此虫除为害果树外，还为害果园附近杨、柳、榆等树木，也需进行防治，以减少果园中的虫量。

豆蓝金龟子

豆蓝金龟子（*Popillia indgigonacea* Motsch）又称豆蓝丽金龟岬，属鞘翅目丽金龟亚科，在我国各地均有发生。

为害状：主要以花穗、幼果和嫩叶为食，造成大量落花落果；嫩叶被害后形成若干孔洞，为害严重时影响植物光合作用。

识别特征：成虫体长10～14毫米，椭圆形，虫体深蓝色，有绿色闪光；头小，复眼土黄色至黑色；鞘翅短，后部略有收狭；肩凸明显，在小盾片后方有明显横凹；臀板无白色毛斑。幼虫体长24～28毫米，肛腹片后部覆毛区有两行纵向的刺毛列，其附近有斜向上的长针状刺毛。

豆蓝金龟子为害苹果

发生规律：1年发生1代，以幼虫越冬。一般3—9月为成虫出土期，成虫在3月底4月初主要为害嫩芽，6月以后，主要取食叶片、花穗和幼果。

防治措施：①清除越冬虫源。秋季深翻，春季浅耕，破坏其越冬场所。②灯光诱杀。同苹毛丽金龟。③药剂防控。在成虫发生期喷药防治，使用的药剂有2.5%高效氯氟氰菊酯乳油2 000倍液或10%氯氰菊酯乳油1 500倍液等。

苹果舟蛾

苹掌舟蛾（*Phalera flavescens*）又名舟形毛虫、苹果天社蛾，隶属于鳞翅目舟蛾科，主要为害苹果、梨、桃、海棠、杏、李、山楂等果树及多种林木。该虫具有间歇暴发、群集为害的特点，还具假死性和趋光性，在全国各地均有分布。

为害状：苹掌舟蛾以幼虫取食寄主叶片，初孵幼虫仅取食叶片上表皮和叶肉，残留下表皮和叶脉，被害叶片呈网状，三龄以后分散为害，四龄后可将叶片全部吃光，仅剩叶柄，严重损害树势。

识别特征：成虫体长22～25毫米，翅展49～52毫米，淡黄白色；触角黄褐色，丝状；前翅银白

舟形毛虫为害果树

稍带黄色，近基部中央有一个椭圆形斑，内侧铅灰色外侧黑褐色；翅面中央部位有4条不清晰的黄褐色波状横线；后翅淡黄色，近外缘处有一褐色带。卵为圆球状，直径约1毫米，初产淡绿色，孵化前变成灰色至黄白色；卵粒排列整齐成块。老熟幼虫体长约55毫米，初孵时为黄褐色，后变紫红色，老熟时为紫黑色；头黑色，有光泽，背面紫黑色，腹面紫红色，体上有黄白色长毛；静止时头、尾两端翘起似舟形。蛹长20～23毫米，暗红褐色至黑紫色，纺锤形，蛹体密布刻点。

发生规律：1年发生1代，以蛹在寄主根部或附近土中越冬。在树干周围半径0.5～1.0米，深度4～8厘米处数量最多。雨后土壤湿润，有利于成虫出土。成虫于翌年6月下旬开始出土，发生盛期在7月下旬至8月上旬。幼虫于7月中旬出现，8月中下旬是幼虫为害盛期，9月上中旬老熟幼虫沿树干下爬，入土化蛹。

防治措施：①清理果园。冬、春季结合果园翻耕，把蛹翻到土表或人工挖蛹，集中处理，减少虫源。②灯光诱杀。利用成虫的趋光性，可在成虫发生期设置黑光灯、电网杀虫灯诱杀成虫。③生物防治。幼虫老熟入土期，在树冠下撒施白僵菌，并耙松土层以消灭土壤内的幼虫或蛹。低龄幼虫期用60亿/毫升的Bt乳剂500倍液喷雾防治，也可喷洒300亿孢子/克的白僵菌粉剂100倍液防治幼虫，时间宜在日落前2～3小时或阴天全天。卵发生盛期释放赤眼蜂灭卵，每公顷释放30万～60万头。④药剂防治。卵孵化期和幼虫三龄以前为防治关键期。推荐药剂及浓度为30%阿维·灭幼脲乳油3 000倍液、25%灭幼脲悬浮剂1 000～1 500倍液、2.5%溴氰菊酯乳油4 000倍液喷雾、2.5%高效氯氟氰菊酯乳油1 500倍液和1.8%阿维菌素乳油2 000倍液。

美国白蛾

美国白蛾（*Hyphantria cunea*），也叫美国灯蛾、秋幕毛虫，隶属于鳞翅目灯蛾科，是一种国际检疫性害虫，它的适应性强、繁殖量大、寄主数量多、传播途径广，对农业危害极大。主要为害园林树木、果树、绿化树等阔叶树种，给生态环境、农林业生产和经济发展等造成了重大损失。

为害状：主要以幼虫为害叶片，低龄幼虫吐丝结网，常有数百头幼虫群集网内，食尽叶肉，仅留表皮，有的亦可将叶片吃光。五龄以后分散为害。幼虫的蚕食速度很快，一夜时间就可以将成片果园叶片吃光吃残，然后转移到周围的农作物、蔬菜甚至杂草上继续为害。

美国白蛾为害叶片

识别特征：雌蛾体长约11毫米，翅展31～44毫米；雄蛾体长约8毫米，翅展32～36毫米；体白色，雄蛾触角双栉齿状，雌蛾触角锯齿状；胸部背面密布白毛，多数个体腹部白色，无斑点，少数个体腹部黄色，上有黑点；雄蛾前翅上散生几个或多个黑褐斑点，雌蛾前翅为纯白色，后翅一般为纯白色或近边缘处有小黑点。卵为圆球状，直径0.4～0.5毫米；初产时淡绿色或黄绿色，渐变为灰绿色至灰褐色，有光泽，表面有许多规则的凹陷刻纹；卵块单层排列，覆盖白色鳞毛。老熟幼虫体长28～35毫米，分为黑头型和红头型，黑头型头黑色，有光泽，从侧线到背方具灰褐色的宽纵带，背部毛瘤黑色，体侧毛瘤多为橙黄色，毛瘤上生有白色长毛丛，混有少量黑色；红头型头柿红色，体由淡色至深色，底色乳黄色，具暗斑，几条纵线呈乳白色，在每节前缘或后缘中断。蛹初为淡黄色，后变暗红褐色，体长8～15毫米；雄蛹瘦小，背中央有1条纵脊，雌蛹较肥大；腹部末端有排列不整齐的臀棘10～15根，臀棘末端膨大呈喇叭口状；蛹外被有黄褐色或暗灰色薄丝质茧，茧上的丝混杂着幼虫的体毛构成网状。

美国白蛾成虫

美国白蛾幼虫

发生规律：美国白蛾为完全变态昆虫，在山东1年发生3代，以蛹越冬，翌年4月上旬至5月下旬越冬代成虫羽化，5月上旬幼虫开始孵化，取食植物叶片，6月下旬老熟幼虫陆续下树化蛹，越夏蛹多集中在土壤表层、枯枝落叶层、树皮裂隙及石块下。成虫发生期分别为4月上旬至5月中旬、6月下旬至7月下旬、8月中旬至9月上旬；幼虫发生期分别为5月上旬至6月下旬、7月中旬至8月下旬、9月中旬至10月中旬。9月底至11月上旬老熟幼虫陆续下树化蛹越冬。

防治措施：①封锁疫区，规范检疫制度。严禁从疫区调运苗木、水果等。②人工防治。清除果园杂草、落叶、砖石等蛹的越冬场所，及时清除卵块及幼虫网幕，集中杀死。幼虫老熟时，在树干近地面1米处束草把，诱集幼虫化蛹，集中消灭。③保护利用天敌。卵的天敌有松毛虫赤眼蜂、草蛉和瓢虫幼虫等；幼虫天敌有绒茧蜂、金小蜂、蜘蛛、步甲等。④药剂防治。常用药剂及浓度：25%灭幼脲悬浮剂2 000倍液、5.7%甲氨基阿维菌素苯甲酸盐乳油2 000～3 500倍液和2%甲氨基阿维菌素苯甲酸盐·印楝素悬浮剂500～800倍液等。

中国绿刺蛾

中国绿刺蛾（*Latoia sinica* Moore）又名褐袖刺蛾、小青刺蛾，隶属鳞翅目刺蛾科，主要为害苹果、桃、枣、樱花、梨、李、柑橘等多种植物。该虫主要分布于我国山东、四川、贵州、湖北、江西等地，是果树和园林植物的重要食叶害虫之一。

为害状：绿刺蛾以低龄幼虫群集于叶背取食下表皮和叶肉，残留的上表皮和叶脉呈现半透明、不规则的大斑，数日后干枯脱落；三龄后陆续分散食叶，使叶片缺刻或产生孔洞，严重时常将叶片吃光，致使果树秋季二次发芽，影响树木生长发育。

绿刺蛾幼虫为害叶片

识别特征：成虫长约12毫米，翅展21～28毫米；头胸背面绿色，腹背灰褐色，末端灰黄色；雄虫触角羽状，雌虫触角丝状；前翅绿色，基斑和外缘带暗灰褐色。卵为扁平椭圆形，长1.5毫米，光滑，初淡黄，后变淡黄绿色。初孵幼虫体黄色，近长方体；随虫体发育，体线逐渐明显，并由黄绿转变为黄蓝相间；头褐色，缩于前胸下。蛹长13～15毫米，短粗；初为淡黄色，后变黄褐色；茧为扁椭圆形，暗褐色。

发生规律：1年发生2代，以老熟幼虫在树干基部或树干伤疤、粗皮裂缝中结茧越冬。翌年4月开始在茧内化蛹，5月中下旬开始羽化为越冬代成虫。成虫昼伏夜出，有趋光性。第一代幼虫发生期在6月上旬至8月上旬。低龄幼虫有群集性，三龄后多分散活动，白天静伏于叶背，夜间和清晨常到叶面上活动取食，老熟后爬到枝干上结茧化蛹。第一代成虫发生期在8月上旬至9月上旬。第二代幼虫发生期在8月中旬至10月下旬，10月上旬陆续老熟，爬到枝干上结茧越冬，常数头或数十头群集于树干基部或粗大枝杈处。

防治措施：①清除越冬虫源。秋冬季节或早春修剪时，如发现树木内有虫茧，可人工铲除，以杀灭越冬幼虫。②人工捕杀。幼虫群集为害时，可摘除虫叶，并采用人工捕杀幼虫的方式，把害虫消灭在初始阶段。但需注意幼虫体上有毒毛，应避免皮肤接触。③灯光诱杀。在成虫期与其他害虫结合诱杀，安装频振式杀虫灯诱杀成虫，以降低虫口密度。④药剂防治。幼虫三龄前为防治关键期，可选择药剂为1.6万/毫克的Bt可湿性粉剂500～700倍液、20%除虫脲悬浮剂2 500～3 000倍液或20%虫酰肼悬浮剂1 500～2 000倍液等。幼虫大面积发生时，可喷施4.5%高效氯氰菊酯乳油1 500～2 000倍液进行防治。

斑衣蜡蝉

斑衣蜡蝉（*Lycorma delicatula*）又名椿皮蜡蝉，隶属于同翅目蜡蝉科，可为害苹果、海棠、葡萄、梨等果树，喜食臭椿、香椿和葡萄。

为害状：斑衣蜡蝉主要为害植物的叶片、枝干和嫩梢；成虫、若虫喜欢几十头呈一条直线排列，群集在叶背、嫩梢及枝干刺吸为害，造成树势衰弱，影响树木生长。斑衣蜡蝉虫体大，口器长，被刺植物伤口深，同时斑衣蜡蝉排泄的蜜露撒于叶片、果实及枝干上，会引诱蜜蜂、蚂蚁及蝇等，易引发煤污病。

斑衣蜡蝉成虫

识别特征：成虫体长15～25毫米，翅展40～50毫米，全身灰褐色；前翅革质，基部约2/3为淡褐色，翅面有约20个黑点，端部约1/3为深褐色；后翅膜质，基部鲜红色。卵为长圆柱形，长约3毫米，状似麦粒，卵粒平行排列成卵块，外被土褐色蜡粉。低龄若虫体黑色，体背有许多小白点；大龄若虫呈红色，体背有黑色与白色相间的斑点。

斑衣蜡蝉低龄若虫（栖息时头翘起）

斑衣蜡蝉大龄若虫（体红色）

发生规律：1年发生1代，以卵在树干或附近建筑物上越冬，翌年4月中旬若虫孵化，5月上旬为盛孵期，在植物幼茎嫩叶的背面为害，受惊后即跳跃离去。若虫期约60天，蜕皮3次，在6月中下旬羽化为成虫。成、若虫都有群集性，弹跳力很强。成虫夜间交尾，8月中下旬为产卵盛期，以卵越冬。成虫寿命长达3～4个月，10月下旬逐渐死亡。

防治措施：①园地规划和选择。斑衣蜡蝉喜食臭椿，通常以臭椿作为原生寄主树种，因此果园内不种植臭椿、苦楝等斑衣蜡蝉喜食寄主，也不与之为邻，以减少虫源，降低为害概率。②人工防治。结合果树修剪，将有卵块的枝条剪除，集中消灭，减少虫源；枝条不宜修剪的要刮除上面的卵块，尽量减少虫口基数。③保护和利用天敌。利用寄生性天敌和捕食性天敌来控制斑衣蜡蝉，如寄生蜂等。④药剂防治。斑衣蜡蝉若、幼虫群聚期是喷药防治的最佳时期，可供选择的药剂有2.5%高效氯氟氰菊酯乳油2 000倍液、10%氯氰菊酯乳油2 000 ~ 2 500倍液或2.5%溴氰菊酯乳油2 000倍液等。

3.果实虫害

梨小食心虫

梨小食心虫（*Grapholita molesta*）又名梨小蛀果蛾、桃折梢虫，隶属于鳞翅目卷蛾科，以桃、梨、苹果、樱桃等果树的新梢和果实为寄主，为害严重。梨小食心虫1年发生4 ~ 5代，具有钻蛀为害和转移寄主的习性，连续多年化学防治会增强梨小食心虫抗药性，使防治困难。

为害状：梨小食心虫主要为害果实和嫩梢。梨小食心虫成虫产卵于苹果果实萼洼处和果面处。幼虫孵化后爬行1 ~ 2厘米，在萼洼和梗洼处蛀入一个孔，蛀孔周围散落虫粪。幼虫进入蛀孔后，先在果肉浅层为害，将虫粪从蛀孔内排出，初始虫粪较少。幼虫在果皮下串食为害，果面呈现不规则的虫道；而

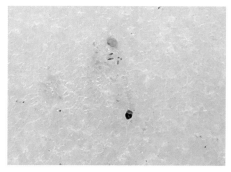

梨小食心虫卵孵化后的幼虫及蛀孔

梨小食心虫在果面蛀孔周围排出少量虫粪

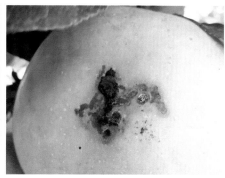

梨小食心虫在果面蛀孔周围排出大量虫粪

幼虫在果实萼洼处蛀食为害时，先在萼洼处串食再蛀入果实内部或直接蛀入果实内部，后期蛀孔外围堆积的粪便逐渐增加且变黑腐烂。梨小食心虫幼虫老熟后会在果实梗部、萼洼或者果实隐蔽处（紧贴树干的果实部位）结茧并羽化。为害嫩梢时多从上部叶片柄基部蛀入，向下蛀至木质化处后

梨小食心虫幼虫在萼洼处串食并排出少量虫粪

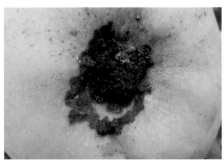
梨小食心虫在蛀孔外围堆积的粪便逐渐增加且变黑腐烂

梨小食心虫老熟幼虫在果实梗部为害

梨小食心虫老熟幼虫在果实梗部准备结茧

梨小食心虫老熟幼虫在果实萼洼处准备结茧

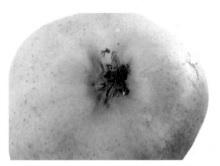
梨小食心虫成虫羽化后的茧壳

转移，被害嫩梢逐渐枯萎。

识别特征：雌成虫体长约7毫米，翅展13～14毫米；雄成虫体长约6毫米，翅展12～13毫米，灰黑色至暗褐色；触角丝状；前翅灰黑色，前缘有13～14条白色较细的沟状斜纹，翅面散生灰白色鳞片；足灰褐，腹部灰褐色。卵为扁平椭圆形，直径0.5～0.8毫米；初产时为白色，后逐渐变成淡黄色，

梨小食心虫为害枝条

中央有一个黑点。老熟幼虫体长10～14毫米，体桃红色，头为褐色，前胸盾片不明显，臀板铅黑色，有臀栉4～7个。蛹体长6～7毫米，纺锤形，黄褐色；茧为白色，长椭圆形，长约10毫米。

梨小食心虫成虫

梨小食心虫成虫（雌雄交配）

梨小食心虫虫卵

梨小食心虫老龄幼虫

梨小食心虫蛹

发生规律：1年发生4～5代，以第四代和部分第五代幼虫在果树的根茎、枝干老翘皮、裂缝处及土中结茧越冬。翌年4月上旬开始化蛹。越冬代成虫发生期为4月中旬至6月中旬。5月上中旬越冬代成虫产卵，主要产于中部叶背和嫩枝上，散产，每头雌成虫平均产卵70～80粒，每个叶片1～2粒，一代幼虫5月底开始为害，之后世代重叠发生。第三、四代幼虫主要钻蛀果实，幼虫多从萼洼、梗洼处蛀入，早期被害果蛀孔外有虫粪排出，晚期则无虫粪。遇到高湿环境，蛀孔周围常变黑腐烂。

防治措施：①消灭越冬虫源。细刮树皮，消灭越冬幼虫，在冬季或早春果树发芽前，精细刮除树干及枝杈处的粗、翘病皮，并集中深埋或销毁，刮后伤口最好用4～5波美度石硫合剂刷涂消毒。从4月下旬开始的整个生长季节，随时剪除被害部位的病梢、虫果，并及时捡拾集中深埋。②预测预报。采用性信息素诱芯诱集雄蛾的方法进行预测，诱捕器为水盆式诱捕器，中心悬挂1个信息素诱芯，每天早上检查所诱蛾数，预测成虫发

利用性信息素迷向

性信息素诱捕梨小食心虫

生期。性信息素诱芯只能用来监测害虫的发生时期和发生量，无法起到有效防控作用。③利用性信息素迷向。根据梨小食心虫性诱结果，在梨小食心虫成虫第一代前（5月中上旬）和第二代（6月中下旬）羽化高峰前，释放梨小食心虫性信息素（迷向丝0.24克/条或迷向胶条0.2克/条，22～33条/亩）。具体方法为，将梨小食心虫迷向丝或迷向胶条吊挂于树体距地面2/3高度处。④药剂防治。受害严重的果园每隔10～15天喷药1次，根据性诱剂诱集结果，在梨小食心虫第三代和第四代成虫羽化高峰期，喷施35%氯虫苯甲酰胺水分散粒剂5 000～6 000倍液、8 000IU/微升苏云金杆菌悬浮剂800～1 500倍液、1%甲维盐水剂1 500倍液等。

桃小食心虫

　　桃小食心虫（*Carposina Sasakii* Matsamura）又名桃蛀果蛾，隶属于鳞翅目蛀果蛾科，是我国北方果树生产中发生面积最大、为害最严重的食心虫类害虫之一。桃小食心虫以幼虫蛀果为害，主要蛀食苹果、山楂、枣等仁果类和核果类果实。果实套袋是防治桃小食心虫的主要措施，在不实行套袋栽培管理或管理较粗放的苹果园，桃小食心虫仍是需要重点监测的防治对象之一。

　　为害状：桃小食心虫成虫多在果萼、梗洼和果皮上产卵。卵孵后以幼虫蛀果为害，蛀果孔为针眼大小，幼虫蛀果2～3天后，果实流出泪珠状果胶，汁液干后变成白色薄膜粉状物。幼果严重受害后，果实畸形成为"猴头果"，果实膨大后受害果实多不变形。桃小食心虫幼虫蛀入果实后先在果皮下串食，后直达果心，在果核周围堆积形成"豆沙馅"粪便；幼虫一般

桃小食心虫成虫产卵于果萼处

桃小食心虫蛀果初期流出泪珠状果胶

在果实内部老熟，脱果前3～4天形成圆形脱果孔，部分粪便常黏附在脱果孔周围，易于发现，幼虫老熟脱果后，掉落至地面形成夏茧或冬茧。

桃小食心虫蛀果果胶变为白色薄膜粉状物

桃小食心虫蛀果成为"猴头果"

桃小食心虫蛀果果核形成"豆沙馅"粪便

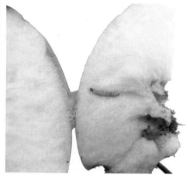
桃小食心虫幼虫脱果

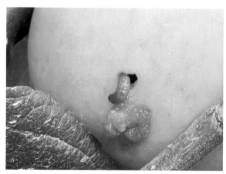
桃小食心虫老龄幼虫脱果并在果孔周围产生虫粪

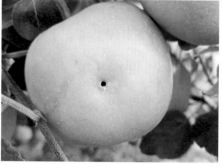
桃小食心虫脱果孔

桃小食心虫蛀果剖面

桃小食心虫结夏茧

识别特征：成虫灰褐色，后翅为灰色，体长7～8毫米，翅展13～18毫米，成虫的前翅前缘中部有一个蓝黑色类似三角形的大斑，翅基部及中央部分有黄褐色的鳞毛。卵为淡红色，形状呈椭圆形，长度约0.45毫米，卵壳表面有不规则的多角形网状刻纹。老龄幼

桃小食心虫结冬茧

虫体长13～16毫米，桃红色，腹部色淡，幼龄幼虫体为淡黄白色，无臀栉，前胸背板红褐色，体肥胖。蛹长6.5～8.6毫米，初黄白色后变黄褐色，羽化前为灰黑色。

桃小食心虫成虫

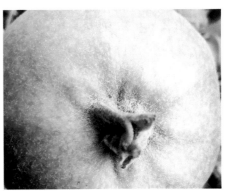

桃小食心虫卵

桃小食心虫老龄幼虫

桃小食心虫冬茧出土

发生规律：桃小食心虫的发育阶段分为卵、幼虫、蛹和成虫4个阶段。桃小食心虫以老熟幼虫在土层结扁圆形滞育茧越冬，翌年4—5月桃小食心虫老熟幼虫从土壤浅层破茧出土到树干基部的土块、杂草、缝隙等阴暗处结纺锤形夏茧，并在其中化蛹。桃小食心虫出土时间的集中程度受土壤湿度的影响较大，出土时间短则20天，长则116天。受地域、气候变化和寄主影响，桃小食心虫1年发生1～3代，成虫发生期为5月中下旬至10月上旬，6—9月是桃小食心虫群体数量高峰期，此间的共出现2～3个比较明显的高峰。桃小食心虫雄成虫在果园中0～2.5米高度范围内活动，主要集中于1～2.5米。成虫羽化交尾后2～3天产卵，成虫昼伏夜出，无明显趋光性。卵孵化后多从果实中、下部蛀入果内，不食果皮，为害20～30天后老熟脱果，入土结夏茧越夏或冬茧越冬。

防治措施：①消灭越冬虫源。在桃小食心虫越冬代成虫羽化前，以树干基部为中心，将半径1米以内地块用地布覆盖，防止越冬代成虫飞出产卵。幼虫出土和脱果前，清除树盘内的杂草及其他杂物，整平地面；在第一代幼虫脱果前，及时摘除虫果，并带出果园集中处理。②性信息素监测及诱杀。采用性信息素诱芯诱集雄蛾的方法进行预测，诱捕器为水盆式诱捕器，中心悬挂1个信息素诱芯，每天早上检查所诱蛾数，预测成虫发生期。利用桃小食心虫性诱剂诱杀雄成虫，每亩果园平均放置5～6个性诱剂，悬挂高度为2.0～2.5米或在树体离地面2/3高度处，诱芯每隔2月更换1次。③保护利用天敌。桃小食心虫的天敌很多，蜘蛛、蚂蚁等均能在地面捕食其幼虫；花蝽、粉蛉、瓢虫能在树上捕食其卵粒；而寄生蜂可产

地布覆盖

三角形诱捕器

卵于桃小食心虫幼虫体内。果园生草可涵养天敌，建议种植紫花苜蓿等。④使用昆虫病原线虫防治。根据桃小食心虫的生活习性，在越冬代幼虫出土始盛期和第一代幼虫脱果盛期，使用小卷蛾斯氏线虫悬浮液60～80 Us/毫升喷洒树冠下的土壤，润湿土壤表层，因为桃小食心虫幼虫在土壤表面结茧、化蛹、羽化，在此阶段，昆虫病原线虫可寄生在幼虫上，使其死亡，从而降低其羽化成虫数量。昆虫病原线虫在生草果园使用效果较为理想，而在清耕果园使用后需保墒以提高线虫存活数量。也可在桃小食心虫成虫发生期，在田间释放赤眼蜂，使其寄生虫卵，一般4～5天放1次，连续释放3～4次。⑤药剂防治。根据性诱剂诱集结果，在桃小食心虫越冬代成虫羽化高峰期前和高峰期，常规轮换施药4次，施药间隔期为10～14天。筛选的有效药剂及浓度为：35%氯虫苯甲酰胺水分散粒剂7 000倍液、200克/升氯虫苯甲酰胺悬浮剂5 000倍液、10%溴氰虫酰胺可分散油悬浮剂3 000倍液、200克/升四唑虫酰胺悬浮剂5 000倍液、12%甲维·虫螨腈悬浮剂2 500倍液和2.5%高效氯氰菊酯乳油2 500倍液。

棉铃虫

棉铃虫（*Helicoverpa armigera*）属鳞翅目夜蛾科，食性杂，近年来在苹果上有加重为害的趋势，特别是在种植棉花、蔬菜较多的苹果园，可为害苹果树新梢、叶片和幼果。

为害状：该虫主要以幼虫取食苹果树外围的新梢、嫩叶和果实。一至二龄幼虫主要啃食新梢顶部的嫩叶，在叶片蛀食孔洞或使叶片缺刻。三龄幼虫从嫩叶转到幼果上为害，每头幼虫可为害1～3个果实，在浅层为害，造成幼果脱落。大果被钻蛀1～3个虫孔，虫孔渐渐干缩，形成红褐色干疤，易被其他病菌感染造成烂果。一般树冠外围的幼果和新梢受害重，树冠内部受害轻。

棉铃虫幼虫蛀果

棉铃虫为害状

识别特征：成虫体长15～20毫米，翅展27～38毫米；雌蛾赤褐色，雄蛾多为灰绿色；前翅翅尖突伸，外缘较直，斑纹模糊不清，后翅灰白色，脉纹褐色，沿外缘有黑褐色宽条带，宽条带中部2个灰白斑。卵近半球状，高0.51～0.55毫米，直径0.44～0.48毫米，顶部微隆起；初产时乳白色或淡绿色，后逐渐变为黄色，孵化前紫褐色。老熟幼虫长40～50毫米，初孵幼虫青灰色，之后体色多变，主要分为淡红、黄白、淡绿、深绿4种颜色。蛹长13.0～23.8毫米，纺锤形，赤褐色至黑褐色，腹末有1对臀刺，刺的基部分开；入土5～15厘米化蛹，外被土茧。

受棉铃虫为害的苹果剖面（浅层为害，不达果心）

棉铃虫幼虫

发生规律：棉铃虫1年发生4代，以蛹在树根际土壤内越冬。翌年4月中下旬气温达15℃时，成虫开始羽化，5月上中旬为羽化盛期，5月中下旬幼虫为害幼果，6月中旬是第一代成虫发生盛期，7月上中旬为第二代幼虫为害盛期，7月下旬为第二代成虫羽化产卵盛期，第三代成虫于8月下旬至9月上旬产卵。10月中旬第四代幼虫老熟入土化蛹越冬。果园及其附近田里的棉铃虫，自第一代起为害果树，后期更重，成虫昼伏夜出，有很强的趋光性，幼嫩的寄主组织和刚萎蔫的杨柳枝对成虫有诱集作用。

防治措施：①加强栽培管理。苹果园周围和行间不要种植花生、大豆、棉花、辣椒和西瓜等棉铃虫喜食的作物，要保持果园清洁，避免杂草丛生。②果实套袋。进行果实套袋，阻隔幼虫蛀食。③灯光诱杀。用频振式灭虫灯诱杀棉铃虫成虫，山地果园一般1公顷安装频振式灭虫灯1盏，平原地果园每1.5～2公顷安装1盏。④药剂防治。喷药防治宜在成虫产卵盛期和低龄幼虫未转果为害前进行，要喷洒毒杀幼虫和兼杀虫卵的药剂。喷药时，重点喷洒树冠外围的果实和新梢。幼果膨大期为重点防治期，每代发生期可喷药1～2遍。常用的农药有5%高效氟氯氰菊酯微乳剂2 000～3 000倍液、35%氯虫苯甲酰胺水分散粒剂7 000～8 000倍液和4.3%高氯·甲维盐微乳剂3 000～4 000倍液等。

桃蛀螟

桃蛀螟（*Dichocrocis punctiferalis* Guenee）又称桃蛀野螟、桃斑螟等，属鳞翅目螟蛾科，分布于我国华北、华东、中南和西南地区的大部分省份。桃蛀螟的寄主广泛，可为害桃、梨、苹果、石榴、板栗、玉米、高粱等。该虫可在果树、玉米、向日葵等多种作物间转移为害，世代重叠严重，加上其钻蛀为害的习性，导致对其防治难度加大。

为害状：以幼虫蛀果和种子，在被害果内外排积粪便，使果腐烂、早落。初孵幼虫在果梗、果蒂基部蛀食，蜕皮后从果梗基部蛀入果心，食害嫩仁、果肉，一般一个

桃蛀螟为害苹果

果内有 1 ~ 2 头虫。有转果为害的习性。老熟幼虫在果内、果间、果台等处结茧化蛹。

　　识别特征：成虫体长 12 毫米左右，翅展约 25 毫米，体橙黄色；触角丝状；胸部鳞片中央有由黑色鳞毛组成的黑斑；雄虫腹部较细，腹部末端上密布黑色鳞片；雌虫腹部略粗，末节仅背端有极少的黑鳞片。卵为椭圆形，长 0.6 ~ 0.7 毫米，宽约 0.5 毫米；初为乳白色，后渐变为红褐色。老熟幼虫体长约 22 毫米，体色变化较大，有淡灰褐色、淡灰蓝色等；头暗褐色，前胸背板褐色，臀板灰褐色。三龄以后幼虫腹部第五节背面灰褐色斑下有 2 个暗褐色性腺者为雄性，否则为雌性。蛹长约 13 毫米，淡黄色至深褐色，蛹体外罩白色或灰白色丝质薄茧。

桃蛀螟雄成虫

桃蛀螟雌成虫

桃蛀螟幼虫

糖醋酒液诱杀桃蛀螟成虫

发生规律：桃蛀螟在我国北方发生2～3代，黄河流域发生2～4代、长江流域发生3～5代。均以老熟幼虫在树皮裂缝、玉米秸秆等处越冬。成虫羽化和活动规律受光照影响，成虫多在19时至22时羽化，白天及雨天在桃叶背面和叶丛中停息，傍晚后活动取食花蜜，有趋光性，对黑光灯趋性强，对糖醋液有趋性。根据性诱剂诱杀雄蛾情况来看，从越冬成虫出现一直到10月中旬从未间断为害，且以越冬代和第一代为害果实最为严重。为害程度与气候条件关系密切，在高温多雨的年份发生更为严重。

防治措施：①降低越冬虫源。清理病残果和果园周围玉米、向日葵等植株残体，并集中销毁；生长季捡拾落果、摘除虫果，以消灭果内幼虫。②果实套袋。果实套袋可阻隔幼虫蛀食果实，套袋前喷1遍杀虫剂。③物理诱捕（灯光诱杀和糖醋液诱杀）。在成虫产卵盛期前，于果园内安装黑光灯进行诱杀，或在果园内悬挂糖醋液，利用其气味诱杀桃蛀螟成虫，糖醋液配方为糖∶醋∶水体积比为1∶4∶16。配制好后放于直径10厘米的矿泉水瓶中（敞开瓶口），在糖醋液面上四个方向各开1～2个孔，直径大于昆虫身体横径2～3倍。④药剂防治。在卵盛期至孵化初期喷药防治，常用药剂及浓度：25%灭幼脲悬浮剂1 500～2 000倍液、5%高效氟氯氰菊酯微乳剂2 000～3 000倍液、35%氯虫苯甲酰胺水分散粒剂7 000～8 000倍液和4.3%高氯·甲维盐微乳剂3 000～4 000倍液等。

橘小实蝇

橘小实蝇（*Bactrocera dorsalis* Hendel），又名柑橘小实蝇、东方果实蝇等，幼虫称果蛆，属双翅目实蝇科。该虫具有分布广泛、食性复杂、繁殖速度快、发育历期短、世代重叠严重、暴发成灾风险大、飞行能力强、环境适应能力强和为害性大等特点。该虫寄主范围广泛，可为害柑橘、桃、梨、李、石榴、苹果等46个科250多种果树、蔬菜和花卉。

为害状：雄性成虫不为害。雌成虫交配后，将产卵器插入果实表皮3～4毫米处产卵3～12粒，果实表面产卵刺孔位置会形成黑色针状斑点，斑点周围果皮颜色变黄或呈褐色，多形成黄色或红色晕圈；产卵所形成的伤口容易招致病原微生物的侵入，以产卵刺孔为中心形成腐烂病斑。幼虫在果实中取食果肉，甚至直达果心为害，老熟幼虫从果实中脱入土化蛹，在果实上一般形成多个脱果孔，成虫在土壤中羽化外出。为害严重的，造

橘小实蝇刺孔周围形成黄色晕圈

橘小实蝇刺孔周围形成红晕症状

橘小实蝇蛀果剖面图

橘小实蝇蛀果剖面图（在果心为害）

橘小实蝇的多个脱果孔

成果肉腐烂，严重时大量落果，甚至绝收。

识别特征：成虫体长7～8毫米，翅透明，翅脉黄褐色，有三角形翅痣；虫体深黑色和黄色相间；胸部背面大部分黑色，但黄色的U形斑纹十分明显；腹部黄色，第一、二节背面各有1条黑色横带，从第三节开始，中央有1条黑色的纵带直抵腹端，构成1个明显的T形斑纹；雌虫产卵管发达，由3节组成。卵为梭形，长约1毫米，宽约0.1毫米，乳白色。幼虫蛆形，一端较尖细，一端较钝圆；共3龄，低龄幼虫长约1.2毫米，宽约0.3毫米；老龄幼虫长约10毫米，宽约2毫米；体无色至奶白色。蛹为围蛹，长约5毫米，全身黄褐色。

橘小实蝇卵

橘小实蝇成虫

橘小实蝇幼虫

发生规律：在北方地区果园中，每年7月下旬开始发现橘小实蝇成虫，8月下旬数量开始暴增，田间成虫群体爆发期在9月上旬至10月中旬，10月下旬至11月上旬温度降低时果园中橘小实蝇群体数量减少。目前，尚未有橘小实蝇能在北方越冬的相关报道。橘小实蝇在温暖潮湿的环境以及雨后最活跃，在黄昏时完成交配。橘小实蝇雌成虫一生交配1～2次，需取食蛋白食物和糖分使其卵成熟（雄性成虫也需要取食蛋白食物以达到性成熟）以及获取能量，交配后1～2天开始在树上健康的成熟果实上产卵，有时也在落果上产卵。

防治措施：①加强检疫。例行检疫，严防幼虫随果实或蛹随园土传播；一旦发现疫情，可用溴甲烷熏蒸。②果园清理。随时捡拾虫害落果，摘除树上的虫害果一并销毁或投入粪池沤浸；切勿浅埋，以免害虫仍能羽化。冬、春季翻耕果蔬园内及周边土地，可有效减少害虫越冬基数，降低次年危害。③物理诱杀。将含有吸引橘小实蝇成虫气味的黄色昆虫物理诱黏剂喷涂在空矿泉水瓶、黄板和塑料杯等干净瓶体上，置于果园通风阴凉处，高度在1米左右，每亩喷涂30处左右。④利用性信息素诱杀监测。在橘小实蝇发生期以性诱剂诱杀雄成虫，降低虫口密度。5—10月在果园内挂置诱捕器，利用橘小实蝇性诱剂进行诱杀，将诱捕器挂于距地面1.2米高的树冠上，每亩放置3～5个；将性诱剂滴入诱芯（板），隔15～20天加1次性诱剂，每次加2～3毫升，加性诱剂时，在诱芯（板）另一侧滴入少许敌敌畏杀虫剂。⑤果实套袋。选择适当的果袋进行果实套袋，可有效降低果实受害率。⑥生物防治。昆虫病原线虫作为一种昆虫专化性寄生天敌，可分为斯氏线虫科和异小杆线虫科两类，具有搜索寄主能力强、对哺乳动物安全等特点，有较大开发潜力。研究发现小卷蛾斯氏线虫、夜蛾斯氏线虫和嗜菌异小杆线虫对橘小实蝇有较好的侵染效果，可适度应用与推广。⑦药剂防治。在橘小实蝇成虫发生初期，采用5%甲维盐水分散粒剂2 000～3 000倍液、1.8%阿维菌素乳油800～1 000倍液、90%敌百虫原药1 000～1 500倍液或2.4%阿维·高效氯氟氰菊酯可湿性粉剂800～1 500倍液进行喷雾处理，5～7天施药1次，重复3～4次，可有效杀灭雌雄成虫；喷药时间以上午10时前或下午4时后为宜，喷雾时在药液中加入2%～5%的红糖，可促进成虫取食，提高防治效果。也可利用毒饵诱杀，橘小实蝇成虫交尾后有补充营养后产卵的习性，将诱集能力较强的寄主植物（如桃、

利用昆虫物理诱黏剂诱杀　　　　　利用性信息素诱杀成虫

利用毒饵诱杀成虫

枣等）或其挥发物、水解蛋白等混入杀虫剂毒杀成虫，可有效减少虫源。此外，也可进行土壤处理，适时、适度开展地面喷药处理，毒杀新脱果准备入土化蛹的幼虫或初羽化成虫；可采用50%辛硫磷乳油800～1 000倍液、1.8%阿维菌素乳油800～1 000倍液或20%氰戊菊酯乳油3 000～5 000倍液喷施树冠下的地面，间隔7天喷1次，连喷2～3次，防治效果较好。

康氏粉蚧

康氏粉蚧（*Pseudococcus comstocki* Kuwana）为同翅目粉蚧科，广泛分布于我国各苹果产区。该虫为杂食性害虫，不仅严重为害果树等农业经济作物，还为害林业植物。

为害状：康氏粉蚧主要以若虫和雌成虫为害，利用刺吸式口器刺吸芽、叶、果实、枝叶及根部的汁液，嫩枝和根部受害常肿胀且易纵裂而枯死。幼果受害多形成畸形果，近成熟果受害后形成凹陷斑点，有时斑点呈褐色枯死斑，枯死斑表面及其周围有许多白色棉絮状蜡粉。同时，害虫排泄蜜露污染果实、叶片及枝条等，常导致杂菌滋生形成煤污。套袋果受害部位多集中在梗洼和萼洼处。

康氏粉蚧为害苹果

识别特征：雌成虫体长3～6毫米，扁平，呈椭圆形，体粉红色，表面被有白色蜡粉，虫体边缘有17对白色蜡刺，体后端最后1对蜡刺特长；雄虫体长约1毫米，翅展2毫米，紫褐色。卵为长椭圆形，淡黄色，长0.3～0.4毫米。若虫体长一般为0.4毫米，外形与成虫相似，稍微偏扁，体

康氏粉蚧幼虫

表无蜡质层。仅雄虫有蛹，长约1.2毫米，浅紫色，有触角，翅和足均外露。

发生规律：康氏粉蚧以卵在被害树干、枝条、粗皮裂缝、剪锯口或土块、石缝中越冬。翌年春季果树发芽时，越冬卵孵化成若虫，在寄主植物的幼嫩部分为害。第一至三代若虫发生盛期分别在5月中下旬、7月中下旬和8月下旬。雌、雄成虫交尾后，雌虫爬到枝干、粗皮裂缝或袋内果实的萼洼、梗洼处产卵。产卵时，雌成虫分泌大量棉絮状蜡质卵囊，卵产于囊内。

防治措施：①清除越冬虫源。春季结合清园，刮除粗老翘皮，用硬毛刷子刷除越冬虫卵，取下秋季树干上绑的草把，清理废旧纸袋、残叶、残桩、干伤和锯口，剪除根茎上的萌蘖枝集中销毁，以减少虫、卵基数。②合理修剪。树冠郁闭、通风透光不良的果园发病较重。因此，冬、春修剪时要合理修剪，拉大层间距，使枝、叶和果均能见光。③保护利用天敌。康氏粉蚧的天敌有草蛉和瓢虫，例如：红点唇瓢虫，其成虫、幼虫均可捕食康氏粉蚧的卵、若虫、蛹和成虫，6月以后捕食率可达到78%。④涂抹黏虫胶。在害虫上树为害前，涂抹黏虫胶。用黏虫胶在树上涂1个2～3厘米宽的闭合胶环，虫害严重的果园可适当宽些，每隔10～15天涂1次，最好用胶带在枝干光滑处缠绕一周，然后将黏虫胶均匀涂抹在胶带上。⑤药剂防治。以第一代若虫防治为基础（5月下旬），第二代若虫防治为重点（7月下旬），第三代若虫监控为辅助（8月下旬）。特别是套袋果园，套袋前的防控至关重要。一般在孵卵盛期用药，此时蜡质层未完全形成或刚形成，对药物比较敏感。有效药剂有22.4%螺虫乙酯悬浮剂2 500～3 000倍液、5%啶虫脒乳油1 500～2 000倍液、70%吡虫啉水分散粒剂6 000～8 000倍液、20%甲氰菊酯乳油1 500～2 000倍液、0.26%～0.3%苦参碱1 200～1 500倍液、3.2%甲维盐·氯氰1 200～1 500倍液。喷药时应均匀周到，淋洗式喷雾效果最好；若在药液中混加有机硅等农药助剂，可显著提高杀虫效果。

白星花金龟

白星花金龟（*Protaetia brevitarsis*）属于鞘翅目花金龟亚科。为腐食性幼虫，在自然界中可以取食腐烂的秸秆、杂草以及畜禽粪便等，成虫为植食性且食性极广，可为害花和腐烂的果实。

为害状：成虫为害果实、嫩叶和芽，以为害腐烂的果实为主。在果实近成熟时，一头或多头白星花金龟群集在果实裂纹、腐烂病斑或损伤处啃食果肉，果实出现较大孔洞或缺刻，加速果实腐烂，严重的能将整个果实啃空，然后转移到下个果实继续为害。同时，成虫排泄物还会污染果实，影响果实外观。

白星花金龟为害苹果

白星花金龟群集为害

白星花金龟啃食苹果形成孔洞

识别特征：成虫虫体初为乳白色，后变为黑色，体长为17～24毫米，体宽为9～12毫米，椭圆形；头方形，具复眼，触角鳃叶状，深褐色；虫体具金属光泽，背部具不规则白斑；前胸背板三角形，中胸小盾片发达；鞘翅近长方形，有粗大刻纹。卵呈球状至椭圆形，长1.7～2.0毫米，初为乳白色，发育后期卵壳膨胀，转变为淡黄色。幼虫共3龄，3个龄期幼虫头壳宽度变化较大，一龄幼虫头壳宽0.8～1.2毫米，二龄为2.2～2.5毫米，三龄则为4.0～4.5毫米，体呈乳白色，头部呈褐色，两侧有红棕色菱形斑，

白星花金龟

虫体两侧各9个红棕色气门孔，体背多横向褶皱；虫体老熟后则呈米黄色至黄色，行动渐缓。蛹为裸蛹，外具土室，卵圆形；蛹为橙黄色至黄棕色，长2厘米左右，复眼较大。

发生规律：在吉林、河南、新疆、山东地区，白星花金龟1年发生1代，以二至三龄幼虫在土壤内越冬，于次年5月在土中5～10厘米处做土室化蛹。每年6月至7月是成虫羽化盛期。白星花金龟成虫昼出夜伏，飞行能力较强，有假死性、群聚性、趋糖性、趋化性，羽化后有补充营养的习性。

防治措施：①清除越冬虫源。秋冬对土壤进行深翻，冻死幼虫和蛹，减少越冬虫源；施肥时不施用未充分腐熟的有机粪肥。②保护利用天敌。保护和利用鸟类、青蛙、步甲、刺猬、寄生蜂等天敌防治。③利用糖醋酒液诱杀。在果园内悬挂糖醋液诱杀，糖醋液按红糖、醋、酒、水重量比为5：3：1：12配制。利用其对果汁的趋性，在西瓜皮残瓤抹上吡虫啉、敌百虫等药液，放于果园内进行毒杀。④药剂防治。成虫期用10％吡虫啉可湿性粉剂1 500倍液、3％高效氯氰菊酯微囊悬浮剂2 000～2 500倍液等进行喷雾防治。

秋冬土壤深翻

茶翅蝽

茶翅蝽（*Halyomorpha halys*），俗称臭椿象、臭板虫、臭大姐，隶属于半翅目蝽科。该虫可为害苹果、樱桃、杏、李、柑橘等多种果树的果实，以刺吸式口器刺入上述果树的果实中吸取汁液，造成果实畸形，不但直接影响水果品质和质量，还可造成落果，在我国东北、华北、华东和西北地区均有分布。

为害状：成虫和若虫均可为害，以其刺吸式口器刺入果实、植物枝条和嫩叶吸取汁液。被害果实轻则呈现部分凹陷斑，重则果实畸形，不但直接影响水果品质和质量，还可造成落果。除了刺吸对植物造成直接危害外，被刺吸的部位也很容易被病菌侵染。

茶翅蝽为害苹果后出现凹陷斑

识别特征：卵为扁椭圆形，顶部较平，中间稍鼓，长约0.9～1.2毫米，宽约0.45毫米，呈淡绿色或白色，卵通常聚集在一起，呈不规则三角形。若虫共5龄，初孵若虫近圆形，体为白色，后变为黑褐色；腹部淡橙黄色，各腹节两侧节间有一长方形黑斑；老熟若虫与成虫相似，无翅。成虫体长12～16毫米，宽6.5～9.0毫米，身体扁平

茶翅蝽成虫

略呈椭圆形，为茶褐色、淡褐色或灰褐色；前胸背板前缘具有4个黄褐色小斑点，呈横行排列，小盾片基部大部分个体均具有5个淡黄色斑点，其中位于两端角处的2个较大。

发生规律：茶翅蝽在我国北方每年发生1～2代，以受精雌成虫在果园内外的墙缝、石缝或房前屋后的杂物里越冬。翌年4月中下旬陆续出蛰，5月中下旬开始为害果实，6月中旬至8月中旬产卵，6月下旬至9月上旬孵化，7月中下旬成虫羽化。9月下旬随着气温的下降，成虫陆续转入越冬场所。由于各地气温的不同，发生时间也有所不同。成虫活动能力强，经常在邻近果园、农田、行道树等之间迁移为害。

防治措施：①消灭越冬虫源。秋季在果园内设置人工越冬场所，诱集成虫越冬，在其出蛰之前集中消灭。果树发芽前，彻底清除果园内的枯枝、落叶、杂草等，集中深埋或销毁，破坏害虫越冬场所，消灭越冬害虫基数。②果实套袋。尽量采取果实套袋栽培技术，使果在袋中悬空生长，果与袋

保持2厘米的空隙，防止隔袋为害。③毒饵诱杀。在苹果幼果期，使用20份水、20份蜂蜜、1份20%甲氰菊酯乳油混合配制成毒饵，充分搅拌均匀后，涂抹在果树2～3年生枝干上，每隔15天涂抹1次。④药剂防治。在若虫为害时，及时进行药剂防控，选用药剂有4.5%高效氯氰菊酯乳油或水乳剂1 500～2 000

套袋果实

倍液、5%高效氯氟氰菊酯乳油3 000～4 000倍液和20%甲氰菊酯乳油1 500～2 000倍液等。在药液中混加有机硅等农药助剂，可显著提高杀虫效果。

黄斑蝽

黄斑蝽（*Erthesina fullo*Thunberg），又名麻皮蝽，属半翅目蝽科。是多种林木果树的害虫之一，该虫主要为害苹果、桃、李、梨、山楂、石榴等果树的不套袋果实。

为害状：以若虫和成虫吸食苹果树嫩叶、嫩茎和果实汁液，叶片被害后，多呈褐色小斑点，随后发展为灰白色小斑点，之后叶片失绿变黄，引起早期落叶。果实被害后，果面凹凸不平，果实变硬木栓化，形成"疙瘩果"或"畸形果"，果肉稍苦涩。

识别特征：成虫体长18～23毫米，扁平，背面灰黑色，密布刻点，并具有细碎的不规则黄斑；头顶有1条黄色纵脊直到中央小盾片；触角丝状，黑色5节，柄节基部有白色刚毛；前胸盾片、小盾片呈棕黑色，具粗刻点，密布黄白色小斑点。卵为圆筒形，直径约1.8毫米，初淡黄色，之后变为乳白色，有卵盖。若虫共5龄，全龄若虫形态与成虫相似。

发生规律：1年发生1代，以受精的雌成虫在果园内树洞、杂草、落叶等特殊环境，或在果园外

受害苹果呈现的凹陷斑

的房檐、墙缝、草堆内等处越冬。越冬后的成虫于5—6月开始出蛰活动，6—7月产卵，7—8月孵化，先在群集卵块附近为害，而后逐渐分散为害。8—9月羽化为成虫，由就近为害转为迁移为害，全年中以8—9月成虫为害期最盛，果实受害最重。

黄斑蝽成虫

防治措施：①果实套袋。套袋是减少黄斑蝽为害的有效措施，果袋要根据品种特性，选择大型袋，袋长×袋宽不小于21厘米×19厘米，使果在袋中悬空生长，使果与袋有2厘米的空隙，防止隔袋受害。②人工捕杀。在入蛰前的9月上旬，制作人工越冬场所进行诱捕，或在出蛰前进行人工捕捉。③保护利用天敌。在6—7月寄生蜂发生盛期，喷施对天敌无害的农药，如灭幼脲、杀铃脲、毒死蜱等，保护天敌。④药剂防治。在连片果园及周围的林木同时喷药防治，是提高防治效果的有效措施。黄斑蝽在4—6月的主要寄主是泡桐、桃树及果园周围的用材林，6—9月主要寄主是梨、苹果树。在6—8月若虫发生季节连续用药3～4次，可用25%灭幼脲悬浮剂1 500倍液或2.5%高效氯氟氰菊酯水乳剂1 500倍液，对成虫、若虫均有较好的杀灭效果；在7—8月成虫发生盛期，使用4.5%高效氯氰菊酯乳油或水乳剂1 500～2 000倍液、5%高效氯氟氰菊酯乳油3 000～4 000倍液或20%甲氰菊酯乳油1 500～2 000倍液等。

4.其他有害生物

蜗牛

蜗牛属于软体动物门，蜗牛科。蜗牛具有非常广泛的觅食范围，可为害果树、蔬菜、大田作物等，尤其喜欢啃食多汁鲜嫩的植物组织。在果树上，蜗牛主要为害果树新梢、嫩叶、幼果及成熟果实，尤其是夏季雨后，为害猖獗，给果树生产造成严重的损失。近年来，在我国许多地区的蜗牛为害情况

蜗牛在树干上为害

蜗牛在病果上为害

有逐年加重的趋势。

为害状：蜗牛主要在树上为害，用齿舌刮食果树的叶片和果实，尤喜病果，受害叶片呈现大小不等的孔洞。幼虫则主要在地面取食腐化的叶片及杂草。蜗牛在树上边取食边排粪便，分泌出的黏液留在枝干叶片和果实上，形成一层白色透亮的膜，既污染果品又易导致虫害发生。

识别特征：蜗牛壳有低圆锥状、球状，壳内肉体柔软，背部大多为褐色，多有网状纹。头部显著，具有触角2对，大的1对触角顶端有眼；头的腹面有口，口内具有齿舌，可用以刮取食物；腹足肥厚，为运动器官。蜗牛初孵幼虫肉体大多为乳白色或白色，体长大约2毫米，壳大多呈现淡黄色半透明状态，触角大多为深蓝色，约100天后可达到性成熟。蜗牛的卵呈圆球状，直径1.5～2.0毫米，初产时白色，略透明，后变成褐色，即将孵化时变成浅灰黑色。

发生规律：蜗牛大多蛰伏在果树根部附近的杂草、土缝、枯枝落叶中越冬。蜗牛昼伏夜出，喜阴湿，多雨天气有利于其发生，雨天活动增加，可昼夜为害。蜗牛的活动与外界环境温湿度、光照强度、土壤条件和食物供应情况等因素密切相关。陆地蜗牛的迁徙行为受其栖息地小气候条件的影响，温度在21～30℃之间时活动性增加。光照强度降低，温度降到21℃以下，湿度上升，在黄昏时降下露水，蜗牛会向植被移动，而在早晨和白天，蜗牛又回到上层土壤或阴凉的土块之间。

防治措施：①人工捕捉。蜗牛上树后，白天躲在叶背或树干背光处，可结合果树修剪进行人工捕捉，或用树枝、杂草、树叶等夜间诱集，天亮前人工捕捉。②物理隔离。将30厘米宽的塑料缠在树干上，扎紧下端，上端向外下翻成喇叭状，阻止蜗牛上树为害。③药剂防治。晴天的傍晚，在树盘下撒施生石灰，每亩施25～30千克，蜗牛出来活动时，会接触而死；在有露水的早晨或者傍晚时分，蜗牛活动比较频繁，此时使用40%四聚乙醛悬浮剂300～500倍液均匀喷施。

授粉壁蜂螨

随着壁蜂授粉技术的大面积推广，壁蜂蜂螨的为害日益突出。在我国烟台、威海和青岛地区为害的蜂螨主要为平岛氏毛爪螨（*Chaetodactylus hirashimai* Kurosa），属盗寄生性携播螨类。2016—2017年，在青岛、烟台、威海等地区，壁蜂巢管螨害率在48.67%～55.75%之间，严重影响了壁蜂的繁殖率，降低了果园中壁蜂的数量和授粉效率。

为害状：壁蜂在巢管内繁殖，壁蜂定巢后在巢管内构筑数量不等且相互隔离的巢室。蜂螨侵入壁蜂巢管在巢室内寄生，通过其成螨、幼螨和若螨在巢管内与壁蜂幼虫和蛹争夺食料—花粉团，大量繁殖为害，并且蜂螨可寄生于巢室内的壁蜂幼虫、蛹及成蜂体表，吸取血淋巴，造成壁蜂巢管内壁蜂寿命缩短、活动及采集力下降，严重时会直接导致壁蜂死亡。

识别特征：成螨体近椭圆形，但前端较窄，后端稍宽圆钝，体长487～630微米，体色略带淡黄色，足及腹部吸盘褐色；具有外部生殖器，腹末端有较发达吸盘1对；雄成螨比雌成螨略小。卵为乳白色，半透明，体长为134～182微米，体宽为102～138微米。幼螨体型与若螨相似，椭圆形，但比若螨稍小，体长为212～291微米，乳白色半透明，带有光泽，有足3对。

幼螨脱1次皮后变成第一若螨，体比幼螨稍大，体长321～401微米，为乳白色，近半透明，头、足淡白色；具足4对。携播型第二若螨体椭圆形，前端稍圆，后端略窄，体长163～205微米，体色为淡黄色，足及腹

蜂螨为害壁蜂成虫　　　　　　　　　蜂螨为害壁蜂巢管

蜂螨为害壁蜂蜂茧

健康蜂茧与蜂螨为害蜂茧

部吸盘褐色；具足4对，第一至三对足的胫节和跗节较肥大，跗节前端内侧长有发达的爪，第四对足的跗节前端有3根刚毛，中央1根最长，是两侧刚毛长度的2倍左右；腹部末端有吸盘1对。由幼螨蜕皮2次后变成第三若螨，体形与第二若螨相似，但个体略大，体长420～494微米，其大小与前一发育阶段的螨态有关，如由携播型第二若螨发育变成的第三若螨的体型要比第一若螨发育变成的第三若螨的体型略小，前者平均222.8微米，后者平均为322.2微米。

发生规律：1年有3个生活相。Ⅰ相（初始繁殖相），包括幼螨—第一若螨—第三若螨—成螨；即Ⅰ相由Ⅲ相的各个越冬态开始，经过第三若螨至成螨而完成，仅有1个世代。

Ⅱ相（为反复繁殖相），包括：受精卵—幼螨—第一若螨—第三若螨—成螨及成螨再反复繁殖的世代；即从受精卵开始，经发育至成螨，成螨交尾产卵，反复繁殖至螨体数激增及食料几乎被消耗殆尽时，Ⅱ相即突入Ⅲ相。

Ⅲ相（为越冬相）包括：受精卵—幼螨—第一若螨—第三若螨—成螨或携播型第二若螨。

防治措施：①物理防治。从壁蜂巢管中获得蜂茧后，第一时间放在温水中泡洗2次，每次30秒左右，清洗掉附着在茧壳外面的蜂螨，晾干后放入4℃冰箱保存。②化学防治。蜂螨在芦苇管等巢管中为害，其管状巢管的特殊构造使巢管中蜂螨的防治极为困难。因此，采用芦苇巢管药物浸泡处理法，将药剂均匀溶于10千克纯净水中配制成各剂量浓度，将芦苇巢管整体浸泡5分钟，使芦苇巢管内壁湿润，沥干药液后放入阴凉处静置3天以上，待芦苇巢管干燥以后收集备用，筛选的药剂及使用浓度为三唑锡（31.25～125毫克/升）和四螨嗪（62.5～250毫克/升）。

三、苹果鸟害及天敌昆虫

1.苹果鸟害

近年来，我国苹果生产上关于鸟类为害的报道越来越多，鸟类能扒开果袋啄食果肉，不仅直接影响果实的产量和质量，还加剧了病菌的传播和扩散。因此，研究鸟害的发生特点及有效防控措施已成为当前生产上的重要目标。

鸟类扒开果袋啄食果肉症状

鸟啄食果实症状

苹果园鸟害种类：在我国北方地区为害苹果的鸟类主要为喜鹊、灰喜鹊、大山雀、蜡嘴雀、麻雀和白头鹎等。①喜鹊体长43.5～46.0厘米；头、颈、背至尾均为黑色，并自前向后分别呈现紫色、绿蓝色、绿色等光泽；双翅黑色，翼肩有1个大白斑；尾长，呈楔形；嘴、腿、脚纯黑色；腹面以胸为界，前黑后白。②灰喜鹊体长约40厘米；头和后颈亮黑色，背上灰色；翅膀和尾巴天蓝色，下体灰白色；喉部、胸部、腹部灰白色；虹膜褐色；嘴黑色；脚黑色。③大山雀体长14厘米，白面黑头，翼上具一道醒目的白色条纹，下体黄色，有的微白或淡黄，有1条黑色中线。④麻雀体长14

厘米，褐色；嘴短而强健，黑色呈
圆锥状；头、颈处栗色较深，背部
栗色较浅，饰以黑色条纹；脸颊左
右各1块黑色大斑。

麻 雀

　　防治措施：①套袋防鸟。果实
套袋是最简便的防鸟害方法。苹果
果实套袋后，可缩短鸟类的为害期
以减少果品损失。②设网防鸟。此
为保护鸟类又能防治鸟害最好的方法。对树体较矮、面积较小的果园，于
果实开始成熟时（鸟类为害前），在果园上方75～100厘米处增设由8～10
号铁丝纵横交织的网架，网架上铺设用尼龙或塑料丝制作的专用防鸟网
（白色及红色丝网或纱网等，网孔应钻不进小鸟，网目以4厘米×4厘米或7
厘米×7厘米为好）。网的周边垂至地面并用土压实，以防鸟类从旁边飞入。
也可在树冠的两侧斜拉尼龙网。果实采收后可将防护网撤除。在冰雹频发
的地区，可调整网目大小，将防雹网与防鸟网结合，一设两用。③物理驱
鸟。在果园铺设反光膜，在鸟害比较严重的树体上挂彩色反光条或废旧光
盘等可反射光线的物品，或者在果园视角良好的位置放置假人、假鹰，也
可在果园上空悬挂画有鹰眼、猫眼等图案的气球，可在短期内防止害鸟入
侵。④人工驱鸟。鸟类在清晨和黄昏时段为害果实较严重，可在此时段设
专人驱鸟，及时把鸟驱赶至远离果园的地方，大约每隔15分钟在果园中来回
巡查、驱赶1次。⑤利用智能驱鸟器。驱鸟器有鞭炮声、鹰叫声、敲打声以
及鸟的惊叫、悲哀和恐惧声，还有鸟类天敌的愤怒声等多种声音模式可供转

防雹网与防鸟网结合使用（生长季）

冬季防鸟网（防雹网）收起

铺设反光膜　　　　　　　　　悬挂驱鸟器

换，在果园内不定时地大音量播放，以随时驱赶果园中的散鸟。⑥生化物质驱鸟。主要是靠气味驱赶鸟类，在果实上喷洒或果园内悬挂鸟类不愿啄食或感觉不舒服的氨茴酸甲酯等生化物质，迫使鸟类到其他地方觅食。

2.天敌昆虫

异色瓢虫

异色瓢虫［*Leis axyridis*（Pallas）］属鞘翅目瓢甲科，以成虫、幼虫捕食苹果黄蚜、苹果瘤蚜、梨二叉蚜、桃蚜、桃瘤蚜以及麦长管蚜、棉蚜、大豆蚜、花生蚜、玉米蚜、高粱蚜等，异色瓢虫亦能捕食松干蚧若虫及卵、棉铃虫卵等其他害虫。

形态特征：成虫卵圆形，长5.4～8.0毫米，鞘翅颜色和花纹多变，鞘翅颜色为黑色时，花纹多为红色或黄色斑点，鞘翅颜色为黄、橙黄色时，花纹可为1～19个黑点。卵为纺锤形，长2.1毫米、呈黄色，十几粒排在一起。幼虫头部黑色，体黑紫色，腹部两侧有橙黄色斑纹，体节上有刺毛。蛹椭圆形，黄褐色，背面有黑点分布。

瓢虫成虫

捕食及生活习性：瓢虫以成虫在石缝、落叶、草堆、房屋内等处越冬。春季果树发芽前开始出蛰活

异色瓢虫卵

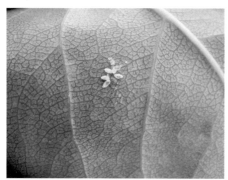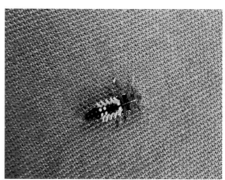

异色瓢虫卵孵化　　　　　　　　　异色瓢虫若虫

异色瓢虫捕食蚜虫　　　　　　　　异色瓢虫成虫及卵

动，在果树整个生长期均可见该瓢虫，在春季蚜虫发生期数量最多。1年发生4～5代，6—10月均有成虫发生。

保护利用：①保护越冬成虫。在果园内设置若干越冬场所，可用石块、落叶等在向阳温暖处堆成大小空穴，雨雪不易侵入，吸引成虫安全越冬。②人工助迁瓢虫。在瓢虫发生数量多的果园、麦田、菜园，于早晚采集瓢虫成虫，移放于瓢虫少、害虫（螨）发生数量多的果园。如果当时不用，把采集的大量成虫，连同枝叶装入塑料袋，暂时存放在5℃的冰箱或冷库内，需要时取出释放于果园。③人工饲养与繁殖。可用蚜虫或代食品饲养，将卵块或初孵化幼虫放于果树新梢有蚜虫处。暂时不用时，可在短日照及12～15℃的低温下饲养成虫数天，在雌雄交尾后，将雌成虫冷藏于0～5℃处，这样成虫滞育进入越冬状态，不食不动，可达数月之久，不致饿死，需用时可取出放于室温下，待其活动的当天即可释放于有蚜虫的果园。卵块产下后，如不立即使用，亦可贮藏于2～7℃的温度下8～9天，卵孵化率仍可达80%以上。当卵粒变黑将孵化时，不可再贮藏。④喷施安全药剂。在瓢虫发生期，果园内喷洒内吸性杀虫剂（吡虫啉，啶虫脒、噻虫嗪、螺虫乙酯、氟啶虫胺腈）、昆虫生长调节剂、生物杀虫剂（苏云金杆菌）和专用杀螨剂（螺螨酯）等防治害虫。

草蛉

草蛉（*Chrysoperla* spp.）属于脉翅目草蛉科，是优良的捕食性天敌，草蛉多个龄期均可以对包括桃蚜、豆蚜和绣线菊蚜等多种害虫进行有效防治。全球草蛉科物种已超过1 415种，其中中国已知种类超过250种，主要包括大草蛉、丽草蛉（小草蛉）、中华草蛉（中华通草蛉）、叶色草蛉、亚非草蛉等。

识别特征：成虫体型中等、细长，一般虫体和翅脉多为绿色；咀嚼式口器；触角细长，呈线状；复眼发达，有金属光泽；头部常见黑褐色斑纹，头斑的数量和位置是分种的重要特征；具翅2对，膜质透明，前后翅的形状及脉纹相似，脉纹细而多，呈网状，在边缘分叉。卵为椭圆形，长约1毫米，多呈绿色或草绿色，卵的基部有1根富有弹性的丝柄，以丝柄附着于植物的枝条、叶片和树皮上。幼虫多呈纺锤形，体色为黄褐色、灰褐色或赤褐色；头上有黑褐色斑纹，口器为一对强大弯管，前口式，胸部各节生有大小不同的毛瘤。蛹为裸蛹，黄绿色，椭圆形，长约12毫米，蜷曲在白色丝质茧中。

草蛉成虫

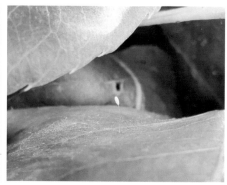

草蛉卵

捕食及生活习性: 草蛉为完全变态类昆虫, 幼虫通常为3龄, 年发生代数为1～8代, 同种草蛉在不同地区年发生代数也存在差异。以蛹在白茧中越冬, 多分布于落叶中、翘皮下、树缝内。4月中下旬大量成虫羽化, 5—10月均有成虫发生。成虫有趋光性, 黑光灯及日光灯均可诱集大量成虫。1头幼虫可捕食蚜虫600～700头, 成虫捕食蚜虫500头左右, 1头草蛉一生能消灭蚜虫1 000～1 200头。幼虫老熟后在叶片背面或其他皱褶处结茧化蛹, 9月下旬至11月中旬陆续结茧化蛹越冬。

保护利用: ①保护越冬茧。在树的孔穴、石缝、落叶上发现越冬茧, 可加以采集、保护, 放于冷凉的室内, 严寒过后移挂于室外凉冷处, 4月成虫羽化后, 立即释放于果园。②灯光诱集。用日光灯或黑光灯诱集成虫, 移放于果园。③人工饲养。用蚜虫或米蛾卵等进行人工饲养, 将卵、幼虫或茧移放于果园。如暂时不用, 可将幼虫逐渐降温饲养, 一般可降至12～15℃, 待其结茧化蛹, 即可冷藏于5～6℃的冰箱中, 3～4个月后, 成活率还可达75%以上。④喷施安全药剂, 防止误杀。在4月中下旬成虫羽化期, 果园不宜喷施广谱触杀性杀虫剂, 其他时间也宜少用。

食蚜蝇

食蚜蝇属双翅目食蚜蝇科, 是常见的天敌昆虫, 以幼虫捕食蚜虫而著称, 广泛分布于我国苹果各产区。常见种类为黑带食蚜蝇 (*Episyrphus balteatus*)、狭带食蚜蝇 (*Betasyrphus serarius*)、大灰食蚜蝇 (*Syrphus corollae*) 和斜斑鼓额食蚜蝇 (*Scaeva pyrastri*)。

识别特征：食蚜蝇成虫体长4～35毫米，具有红褐色的大复眼；腹部橙黄色，具多条黑色横线；成虫体小型到大型；体宽或纤细，体色单一暗色或常具黄、橙、灰白等鲜艳色彩的斑纹，某些种类有蓝、绿、铜等金属色，外观似蜂，头部大；雄性眼合生或离生，雌性眼离生。幼虫蛆状，头退化，体表具许多皱环，无足，有些种类有原足存在。卵为白色，长形，卵壳具网状饰纹。

食蚜蝇成虫

捕食及生活习性：食蚜蝇1年发生4～5代，以老熟幼虫、蛹或成虫越冬。4—10月田间均可见到成虫，成虫飞翔时，常振动双翅保持原位不动。在夏季卵期为2～3天，幼虫期与蛹期均为6～7天。成虫采食花蜜，幼虫捕食蚜虫，以口器抓住蚜虫，举在空中，吸尽体

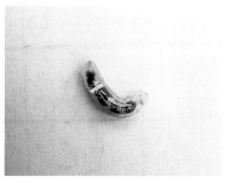

食蚜蝇幼虫

液后，扔掉蚜虫尸体。各龄幼虫平均每天可捕食蚜虫120头，整个幼虫期每头可捕食蚜虫700～1 500头。幼虫老熟后在叶背或蚜虫为害造成的卷叶中化蛹。秋季果树或林木上没有蚜虫时，常迁飞至麦田、菜园或林间草本植物上捕食蚜虫，之后入表土层中化蛹越冬。

保护利用：①不喷或少喷广谱触杀性杀虫剂。食蚜蝇发生期，在果园不喷或少喷广谱触杀性杀虫剂，蚜虫与食蚜蝇之比为200∶1时，可以不喷药，靠食蚜蝇控制蚜虫。②人工采集越冬幼虫或蛹。早春2—3月，从菜园采集越冬幼虫或蛹，保存于室内冷凉处土壤中，待成虫羽化时放入果园。③食源诱集。在果园内和周围，种植春天开花的蜜源植物，诱集食蚜蝇取食进入果园。

参 考 文 献

白微微, 高海峰, 张航, 等, 2021. 普通草蛉幼虫对麦二叉蚜和麦长管蚜的捕食功能反应与搜寻效应. 应用昆虫学报 (2): 408-414.

陈东玫, 杨凤秋, 赵同生, 等, 2011. 苹果果锈病与苹果锈果病的发生及防控. 河北果树 (4): 12.

陈雅寒, 孙平平, 马强, 等, 2019. 东北冷寒产区苹果褪绿叶斑病毒检测及其分子多样性分析. 园艺学报, 46(12): 2397-2405.

崔爱军, 张守维, 陈香宝, 等, 2013. 棉铃虫对苹果的危害与防治措施. 落叶果树 (2): 21-22.

段海军, 王秀锁, 赵一凡, 2005. 草蛉常见种类的识别. 内蒙古林业 (3): 16.

高小莹, 2012. 苹果褐腐病的发生与防治. 西北园艺 (果树) (2): 53.

公义, 2021. 胡瓜钝绥螨对苹果全爪螨的防效. 中国植保导刊 (7): 71-73.

龚伟荣, 2021. 果园绿盲蝽发生特点及防控技术. 农家致富 (6): 30-31.

官发珍, 关发斌, 2008. 苹果裂果病的症状及防治要点. 中国果菜 (2): 44.

郭书普, 2010. 新版果树病虫害防治彩色图鉴. 北京: 中国农业大学出版社.

郭小峰, 杨鸽子, 2018. 浅析苹果黑点病的发病原因及防治. 农民致富之友 (18): 85.

韩明利, 马爱红, 路子云, 等, 2019. 桃红颈天牛发生为害及防治技术研究进展. 河北农业科学 (1): 47-50.

韩淑静, 2017. 苹果裂果原因及防治技术. 新农业 (21): 33-34.

衡雪梅, 袁水霞, 范军涛, 等, 2010. 舟形毛虫的发生危害及防治措施. 河南农业 (8): 55.

姬松龄, 李军, 慕晓华, 等, 2006. 黄斑蝽、茶翅蝽综合防治技术研究. 北方果树 (5): 25-26.

李春霞, 2021. 苹果花叶病研究进展. 陕西农业科学, 67(8): 82-86.

李宏建, 刘志, 王宏, 等, 2021. 钙肥和砧木对 '岳冠' 苹果水心病的影响. 北方果树 (3): 22-23.

李继强, 赵向田, 王浩瀚, 等, 2016. 苜蓿盲蝽对油菜的危害及防治. 分子植物育种 (3): 718-721.

李楠, 王亚迪, 杨军玉, 等, 2018. 苹果褪绿叶斑病毒在苹果植株体内的分布. 北方园艺 (13): 47-52.

李萍, 李玉艳, 向梅, 等, 2020. 大草蛉幼虫对草地贪夜蛾低龄幼虫的捕食能力评价. 中国生物防治学报 (4): 513-519.

李素珍, 马磊, 2020. 苹果斑点落叶病综合防治与用药关键技术. 西北园艺 (果树) (3): 32-33.

李涛, 2018. 警惕白星花金龟在新疆南疆地区入侵危害. 新疆农垦科技(9): 25-26.

梁泊, 2019. 平谷桃园苹小卷叶蛾发生规律与防治措施. 西北园艺(果树)(1): 33-34.

蔺国仓, 任向荣, 孙美乐, 等, 2021. 性诱剂对苹果蠹蛾监测及综合防治技术. 新疆农业科技(5): 35-37.

刘会香, 2001. 苹果霉心病的研究现状及展望. 水土保持研究(3): 91-92.

刘会英, 2021. 梨小食心虫的发生及防治. 河北果树(3): 33.

刘英, 赵行, 魏欣荣, 等, 2010. 苹果褐腐病的发生规律和防治技术. 西北园艺(果树)(5): 27-28.

刘英胜, 2011. 河北衡水苹果霉心病的发生与防治. 果树实用技术与信息(3): 29-30.

刘瑛双, 房中文, TURAKULOV Kh S, 等, 2021. 接种苹果炭疽叶枯病菌对苹果叶片相关酶活性及基因表达的影响. 青岛农业大学学报(自然科学版), 38(3): 157-163.

刘玉莲, 陶佳, 左存武, 等, 2020. 苹果果实日灼产生条件及适应机制. 果树学报, 37(11): 1758-1765.

卢成军, 2017. 林业虫害桃红颈天牛的识别与综合防治. 农技服务(6): 86-87.

路兆军, 赵莹, 刘瑞珍, 等, 2021. 苹果褐斑病的发生及防治. 果树实用技术与信息(6): 20-21.

马文秋, 2015. 苹果果锈病防治技术. 农业科技与装备(4): 23-24.

孟祥龙, 张祺, 石朝阳, 等, 2021. 河北省苹果果实黑点病的症状与病原研究初报. 植物病理学报, 51(4): 496-506.

齐长友, 2021. 山楂叶螨的发生及防治. 现代农村科技(7): 27-28.

屈达才, 邱婧芸, 前田泰生. 2010. 日本托特螨的生物学特性. 基因组学与应用生物学, 29(3): 495-500.

任善军, 2018. 梨树白星花金龟的防治. 农业知识(32): 31.

任善军, 2020. 苹果炭疽叶枯病识别与安全防治技术. 西北园艺(综合)(5): 51-52.

任善军, 任若玙, 2020. 朝鲜球坚蚧识别与安全防治. 果树资源学报(1): 93-94.

邵振芳, 尹文兵, 陈建华, 等, 2016. 草蛉在虫害生物防治中的应用研究进展. 现代农业科技(3): 171-174.

宋来庆, 刘美英, 赵玲玲, 等, 2019. 桔小实蝇在烟台果树产区的监测与防控. 烟台果树(2): 36-37.

索中毅, 白明, 李莎, 等, 2015. 白星花金龟名称考证及其在新疆的危害. 北方果树(3): 1-3.

田平, 2016. 辽西地区苹果树日灼病的发生成因与防御对策. 现代农村科技(11): 23.

汪耀辉, 张剑锋, 闫小亚, 2019. 甘肃天水苹果斑点落叶病的发生与防治. 西北园艺(果树)(6): 24-25.

王大清, 陈江涛, 秦勇, 2013. 苹果小卷蛾及苹果顶梢卷叶蛾的发生与防治. 现代农村科技(13): 26.

王厚臣,顾雨非,田德志,等,2019.苹果水心病的发生与防治.果农之友(6): 27-28.

王丽娜,2017.苹果树腐烂病的发生与防治.新农业(19): 17-18.

王荣辕,王胜永,张忠伟,等,2021.性信息素诱捕器不同悬挂方式对苹果金纹细蛾诱杀效果.江苏农业科学(5): 110-113.

王万周,2019.苹果白粉病的发生与防治.西北园艺(综合)(2): 55-56.

武鸿鹄,张礼生,陈红印,2014.温度与释放高度对大草蛉和丽草蛉成虫扩散行为的影响.中国生物防治学报(5): 587-592.

郗娜娜,赵坷,杨金凤,等,2020.苹果花脸病田间病情发展及ASSVd在组培条件下的传播.园艺学报,47(12): 2397-2404.

夏施珂,刘冰,杨益众,等,2021.喷施吡虫啉削弱棉田红颈常室茧蜂对绿盲蝽若虫的寄生作用.植物保护学报(5): 1193-1194.

邢丽婷,2015.苹果煤污病综合防治技术.现代农村科技(17): 27.

闫淼,陈玉兆,鲁承晔,等,2020.桃小食心虫、金纹细蛾在洛川苹果园发生规律及生物防治方法研究.陕西农业科学(4): 36-40.

闫文涛,岳强,冀志蕊,等,2019.苹果炭疽病的诊断与防治实用技术.果树实用技术与信息(9): 26-28.

闫文涛,张怀江,岳强,等,2021.梨园茶翅蝽的诊断与防治实用技术.果树实用技术与信息(5): 29-30.

严军,赵华林,2015.豹纹木蠹蛾生物学特性及防治效果试验研究.陕西农业科学(11): 47-49.

杨诚,2014.白星花金龟生物学及其对玉米秸秆取食习性的研究.泰安:山东农业大学.

于子涵,高寿利,潘香君,2019.苹果锈病的发生与防治.烟台果树(1): 48-49.

翟浩,张勇,李晓军,等,2018.不同杀虫剂对苹果黄蚜的田间防控效果.安徽农业科学(1): 143-145.

张娟,王博,2020.苹果霉心病发生规律、发生原因及综合防治技术.陕西农业科学,66(5): 86-88.

张军宝,2021.苹果小吉丁虫的危害及防控技术.河北果树(1): 56.

张礼生,李玉艳,王孟卿,等,2021.邱式邦院士在中国草蛉类天敌昆虫利用中的学术贡献——纪念邱式邦院士诞辰110周年.中国生物防治学报(4): 631-635.

张录良,潘换来,潘小刚,等,2020.苹果花脸病综合防控技术.西北园艺(果树)(6): 30-32.

张现锋,2017.苹果霉心病防治技术.河北果树(3): 19-20.

郑科,强俊龙,2018.苹果褐斑病的发生与防治.果树实用技术与信息(11): 29-31.

周吉生,赵顺卿,2016.苹果疫腐病的发生与防治.北方果树(3): 43-44.

周吉生,周中磊,2019.苹果炭疽病及其防治技术.北方果树(3): 37-38.

朱艳天,2018.如何有效防治苹果树腐烂病.花卉(20): 302.